国家级职业教育规划教材

全国技工院校服装设计与制作专业教材（中级技能层级）

全国中等职业学校服装类专业教材

样板制作与推板

人力资源社会保障部教材办公室　组织编写

孔庆　主　编

中国劳动社会保障出版社

简　介

本教材内容分为服装样板制作基础知识、服装推板基础知识和款式推板三个部分，具体内容包括样板制作基础知识、推板基础知识、裙子制板与推板、裤子制板与推板、四开身上衣制板与推板、三开身上衣制板与推板和领、袖变化推板等。样板制作基础知识主要介绍服装结构制图向服装样板转化过程的制作要求，推板基础知识主要介绍推板的原理和计算方法，款式推板为教材的核心内容，分基本款和变化款对服装五大类款式的推板进行了具体介绍。教材图文并茂，通俗易懂，各章节还设有实践训练，帮助学生巩固所学知识。

本教材由孔庆（杭州市服装职业高级中学）任主编，部分服装款式图及制图由张惠（杭州市服装职业高级中学）CAD 绘制，黄英审稿。

图书在版编目（CIP）数据

样板制作与推板 / 孔庆主编 . --3 版 . -- 北京： 中国劳动社会保障出版社，2018

全国技工院校服装设计与制作专业教材 . 中级技能层级　全国中等职业学校服装类专业教材

ISBN 978-7-5167-3624-1

Ⅰ . ①样…　Ⅱ . ①孔…　Ⅲ . ①服装量裁 – 中等专业学校 – 教材　Ⅳ . ① TS941.631

中国版本图书馆 CIP 数据核字（2018）第 192237 号

中国劳动社会保障出版社出版发行

（北京市惠新东街 1 号　邮政编码：100029）

*

三河市潮河印业有限公司印刷装订　新华书店经销

787 毫米 × 1092 毫米　16 开本　9.75 印张　184 千字

2018 年 8 月第 3 版　　2026 年 2 月第 5 次印刷

定价：19.00 元

营销中心电话：400-606-6496

出版社网址：http://www.class.com.cn

http://jg.class.com.cn

前　言

全国中等职业技术学校服装设计与制作专业教材自2002年出版以来，在职业院校教学及相关培训中发挥了重要作用，受到广大师生的好评。近年来，随着服装行业的发展，企业对服装从业人员的知识水平和技能水平提出了更高的要求。为了适应这一变化，满足学校培养人才的需求，我们对现有教材进行了修订。

在本次修订工作中，我们收集了服装企业对技能型人才的具体要求以及学校使用教材的反馈意见，组织了一批教学经验丰富、实践能力强的教师与行业、企业专家进行充分研讨，确定重点做好以下几方面工作：

第一，更新教材内容。根据服装行业的发展变化，调整更新了相关教材的结构和内容，体现行业新理念、新标准、新技术和新工艺。进一步增加实践性教学内容的比重，在服装结构制图、服装CAD等主要技能课教材中，更多地选用与企业生产结合紧密的实践案例，并配以详细的过程分析和操作指导，以引导学生运用所学知识分析和解决实际问题。

第二，提升教材表现力。通过设置“操作提示”“自测园地”“知识拓展”等不同栏目，增加教材的亲和力，激发学生的学习兴趣。同时，尽可能多地以图表代替冗长的文字叙述，使教材更加生动直观，易于学习。

第三，加强立体化资源建设。在修订教材的同时，补充开发配套的电子课件，电子课件可通过职业教育教学资源和数字学习中心（http://zyjy.class.com.cn）免费下载。在《服装CAD（第三版）》等教材中引入二维码技术，针对教材的重点和难点制作了演示视频等多媒体素材，使用移动终端扫描书中相应位置处的二维码即可在线观看。

本套教材的修订工作得到了有关学校的大力支持，教材的编审人员做了大量的工作，在此，我们表示衷心的感谢！同时，恳切希望广大读者对教材提出宝贵的意见和建议。

人力资源社会保障部教材办公室

前言

目 录

第一章
样板制作基础知识

服装样板制作在行业中通称为打板或打样板，是将服装从平面设计转换为立体实物的关键步骤。服装样板是针对现代服装工业化生产要求，为保证成衣产品符合品牌、客户或市场的需求，而在企业生产批量商品服装时设定的裁剪衣片与生产缝制过程中的依据，它的各项技术要求都严于量体裁衣。服装样板起着模具、图样和型板的作用，是推板、排料、划样、裁剪和产品缝制过程中的技术依据，也是检验产品规格质量的直接标准。因此，要充分认识到服装样板制作在服装生产中的重要地位，了解服装样板制作的依据和工具，掌握服装样板的缩率与放缝、服装样板的分类和标记，以及工业样板的审核、保管及领用等知识，通过服装样板制作实例，进一步明确服装样板制作的要求。

学习目标

1. 了解服装样板制作的依据和工具，以及服装样板的分类。
2. 掌握服装样板的缩率与放缝及服装样板的标记。
3. 能够读懂服装样板的制作实例。

第一节　样板制作依据

服装工业化生产中，服装制板师通常需要在服装结构制图的基础上，先按中号规格或小号规格，通过反复校正制作出整套服装的样板，俗称“母样板”，它是服装号型系列推板的基本样板。服装“母样板”制作必不可少的依据有两个：一是服装的成品结构造型，也就是外观式样；二是服装的成品规格尺寸。在所有的服装生产制作过程中，始终要抓住两个关键字，即服装的“型”和服装的“量”。

一、服装成品结构造型的依据

1. 服装效果图、款式图

服装效果图是服装穿着在人体上的图，它能够直观地反映出服装设计者的意图及穿着服装后的整体效果，如图 1—1 所示。服装效果图中整体的造型、各部位的比例关系、服装材料的质感等是服装样板制作的依据。

服装款式图是按服装成品的实际比例绘制的样式图，它以正面视图、背面视图为主，如图 1—2 所示。对于成品服装的某些比较复杂或款式重点的部位，还应画出局部放大图，这样有利于制板打样及缝制工艺制作。

有些服装成品的样式提供的是照片、示意图等，这就要求相关人员必须理解服装的构成、成衣各部位的组合关系、缝制工艺对裁片的要求等，以将其作为服装样板制作的依据。

2. 实物样衣

根据客户提供的实物样衣来制作样板，是我国加工型服装企业生产过程中常用的制板打样方法。实物样衣在服装行业被称为复样或驳样，如图 1—3 所示。对客户提供的样衣要求尺寸规格要比较准确，最好是中号规格。对样衣中要修改的部位应做详细记录并得到客户的确认。

图 1—1　服装效果图

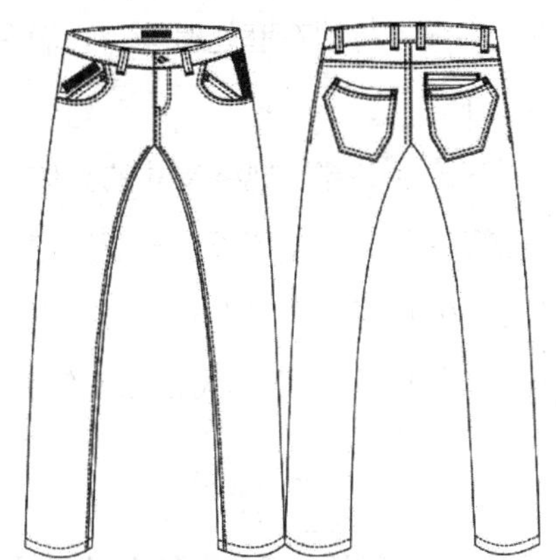

图 1—2　服装款式图

图 1—3　实物样衣

二、服装成品规格尺寸的依据

服装成品规格尺寸的依据主要有以下几种。

1. 客户提供

服装企业接受客户的订货或来料、来样加工时，通常均由客户（即要货单位）提供成品主要控制部位、小部位及零部件的规格尺寸，如图 1—4 所示。这是样板制作的主要尺寸依据。对客户提供的规格尺寸，在制作样板前必须明确以下几点：

（1）规格尺寸的计量单位应该是厘米（cm），但有些客户提供的可能是英寸或市寸等，须转换为厘米。

（2）分清客户提供的规格是人体尺寸（净尺寸）还是成品尺寸（已加放松量）。通常客户提供的规格以成品尺寸居多。有些服装成品还需要根据要求进行后期加工，如丝绸服装的砂洗、牛仔衣裤的石磨处理等，它们在规格表中要分清是后期加工前的尺寸还是后期加工后的尺寸。

（3）明确成品各部位规格尺寸的具体测量方法。例如，衣长是前衣长还是后中长；区别背长、前腰节长、后腰节长；分清肩宽与小肩；下装的上裆（直裆）是否包括腰宽，是直线距离还是弧长等。

（4）对于某些规格尺寸不全的或有错误的，必须仔细校正，并要求客户补全并加以确认。

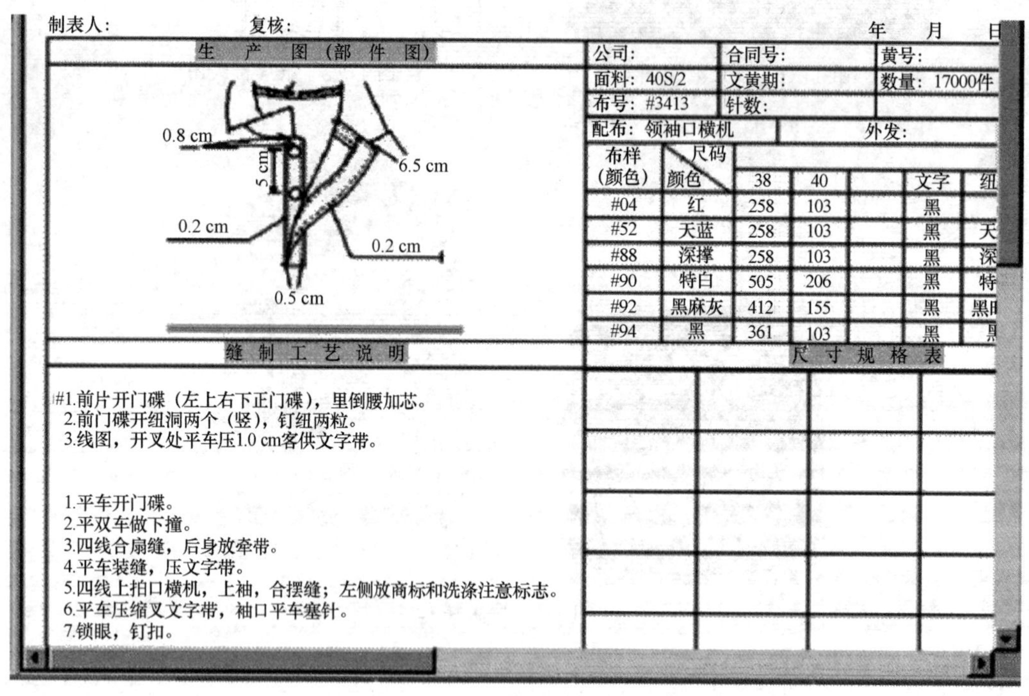
制表人: 复核: 年 月 日

生 产 图（部 件 图）

公司: 合同号: 黄号:
面料: 40S/2 文黄期: 数量: 17000件
布号: #3413 针数:
配布: 领袖口横机 外发:

布样（颜色）	尺码 颜色	38	40		文字	纽
#04	红	258	103		黑	
#52	天蓝	258	103		黑	天
#88	深撑	258	103		黑	深
#90	特白	505	206		黑	特
#92	黑麻灰	412	155		黑	黑
#94	黑	361	103		黑	黑

缝 制 工 艺 说 明

#1.前片开门碟（左上右下正门碟），里倒腰加芯。
2.前门碟开纽洞两个（竖），钉纽两粒。
3.线图，开叉处平车压1.0 cm客供文字带。

1.平车开门碟。
2.平双车做下撞。
3.四线合扇缝，后身放牵带。
4.平车装缝，压文字带。
5.四线上拍口横机，上袖，合摆缝；左侧放商标和洗涤注意标志。
6.平车压缩叉文字带，袖口平车塞针。
7.锁眼，钉扣。

尺 寸 规 格 表

图 1—4 客供成品规格单

2. 从成品实物样衣上测量所得

在客户提供的样衣上测量，取得规格尺寸，服装行业中又称驳样取得尺寸，如图 1—5

所示。从成品实物样衣上测量规格尺寸时应注意以下几点：

（1）首先观察成衣外观，摆正成衣后测量主要控制部位的尺寸，初步掌握服装的款式特点、型号规格、围度的放松量及缝制工艺要求等。

（2）测量时，顺序、方法、部位要正确，不要遗漏，尽可能画出服装的款式图和零部件的分解图，有利于接下来在图中标注出各小部位的尺寸数据。

（3）测量的数据力求准确，在测量时要考虑到面料的纱向、缩率、工艺制作过程中的吃势、里外匀、省、裥、抽褶等因素对成品尺寸的影响。

（4）成品样衣并非左右绝对对称，尺寸会有误差，测量时应反复校正，参考结构制图的合理性，确定样板采用的尺寸。

（5）要注意小部位的规格尺寸及纱向的要求，尽可能符合样衣的要求。例如：贴边的宽窄，袋布的长宽，袢带的尺寸及位置，嵌条、滚条的宽度及纱向等。

（6）驳样取得的尺寸应先制图裁剪制作样衣，根据样衣再来修正样板，最后才能确定批量生产用的基本样板。

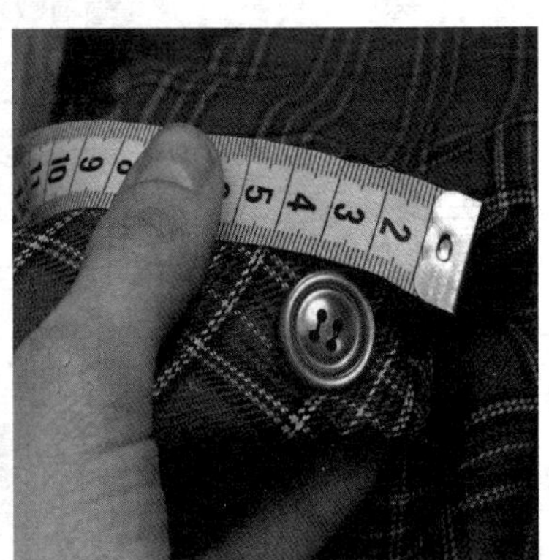

图 1—5　驳样取得尺寸

3. 从人体测量所得

单件服装的来料加工及高档定制服装，其成衣制作的尺寸一般从人体测量取得，如图1—6所示。根据人体尺寸、款式要求和季节性，确定各部位的长度和围度的放松量。

注意人体测量的部位和方法，测量的部位应有利于制图裁剪，并注意观察体型的特殊部位，例如有些女上装要测量前后腰节长、BP点的位置、臀围等。将人体测量的尺寸与正常标准体做比较，找出其差异，对服装的某些部位做一定的修正，确定各部位的成衣尺寸。修正的原则是既要考虑到成品服装的合体性和服装结构的合理性，又要注意到人体美，修饰、遮盖体型的不足。

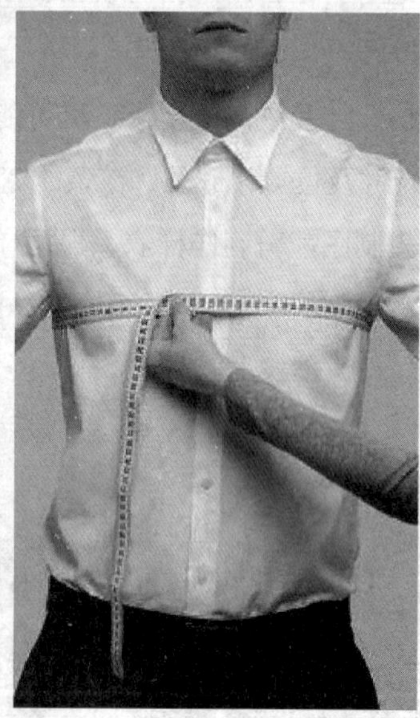

图1—6 人体测量取得规格尺寸

人体围度的放松量可参考表1—1。

表1—1 人体围度的放松量 单位：cm

类别	胸围	领围	肩宽	腰围	臀围
连衣裙、旗袍	6 ~ 8				
男衬衫	20 ~ 22	1.8 ~ 2.2	2.4		
女衬衫	10 ~ 14	2.6	1.2		
男女单服套装	16 ~ 20	4	1	2	10 ~ 14
男夹克衫	26	7.8	3.8		
女夹克衫	22	7.8	4		
毛呢男中山装	22	4.8	1		
男西装	18		1	2	10
女西装	16		1	2	10
男、女大衣	26 ~ 34		1		

表中的胸围、腰围、臀围根据人体测量规格尺寸加放，领围按人体测量的颈围加放，肩宽按人体测量的总肩宽加放。

放松量大小的确定，与以下因素有关：①外套内衣的总厚度；②不同地区的生活习惯和自然环境；③款式的特点及流行的趋势；④面料的性能和厚薄；⑤工作性质及其活动量；⑥个人的穿着要求等。

4. 服装号型系列

国家服装号型标准是全国统一的服装规格标准，它是以我国六个人口自然分布区的正常人体的主要部位尺寸为依据，在大量数据分析研究的基础上，参考国际标准，由国家质检总局批准颁布实施的服装规格标准。服装号型是设计、生产、销售服装的主要依据，如图 1—7 所示。对于外销服装，应根据对方国家的服装号型标准来制定系列规格尺寸。

尺码参考数据　请根据自己身高、体重、肩宽、体型及穿着习惯选择

尺码	肩宽/cm	胸围/cm	衣长/cm	袖长/cm
46(165～84)	46	104	70	59
48(170～88)	47	108	72	60
50(175～92)	48	112	74	62
52(180～96)	49	116	76	63
54(185～100)	50	120	78	64
56(190～104)	51	124	80	65

身高/cm	体重/斤	推荐尺码
165～170	115～120	165
165～172	125～138	170
168～175	142～158	175
170～180	160～170	180
173～185	175～185	185
175～190	190～210	190

测量示意图

肩宽
胸围
衣长
袖围
袖长

以上尺码仅供参考，关于测量会有1~2 cm的误差

图 1—7　服装号型

使用服装号型系列制定成品规格尺寸应注意以下几点：

（1）服装号型标准的规格尺寸是人体的净尺寸，以厘米（cm）为单位，以5·4系列分档（下装也有5·2系列）。成品服装的长度应以身高为主要参考数值。

（2）按比例确定各部位的长度；围度部分上装以胸围为主要参考数值，下装以腰围为主要参考数值，加上放松量，按比例确定各部位的围度。

（3）服装号型规格中的中间标准体通常是决定设计和生产批量服装的中间号型，是制作标准样板和推板的依据。我国成年男子上装中间标准体号型是170/88A，下装中间标准体号型是170/74A；成年女子上装中间标准体号型是160/84A，下装中间标准体号型是160/68A。

（4）掌握人体主要控制部位的分档数及其变化规律。国家服装号型标准中人体主要控制部位有10个：5个长度部位是身高、颈椎点高、坐姿颈椎点高、全臂长、腰围高；5个围度部位是胸围、颈围、总肩宽、腰围、臀围。以5·4A系列设置，控制部位、中间体及分档数的关系见表1—2。

表1—2 控制部位、中间体及分档数的关系（5·4A） 单位：cm

部位 \ 数值		男子		女子		与成品部位关系
		中间体	分档数	中间体	分档数	
长度	身高	170	5	160	5	确定衣长与裤长
	颈椎点高	145	4	136	4	确定衣长与裤长
	坐姿颈椎点高	66.5	2	62.5	2	确定衣长
	全臂长	55.5	1.5	50.5	1.5	确定长袖长
	腰围高	102.5	3	98	3	确定裤长或裙长
围度	胸围	88	4	84	4	确定成品胸围
	颈围	36.8	1	33.6	0.8	确定成品领围
	总肩宽	43.6	1.2	39.4	1	确定成品肩宽
	腰围	74	4	68	4	确定成品腰围
	臀围	90	3.2	90	3.6	确定成品臀围

在应用表1—2时，注意以下几点：

（1）颈椎点高－腰围高为背长，如男子145−102.5=42.5 cm，女子136−98=38 cm。

（2）身高每增减5 cm，一般上衣的衣长增减2 cm，裤长增减3 cm。不同的服装根据款式的要求改变分档数，例如中、短袖，中、短裤裙等。

（3）人体的围度加上放松量即为成品的围度规格，上装胸围所对应的围度是领围和肩宽，下装腰围所对应的围度是臀围。例如，男西装成品胸围为106 cm，肩宽为44.6 cm；男衬衫成品胸围为110 cm，肩宽为46 cm。裁配时若肩宽与标准相差过大，则在结构上不合理。

（4）男子的领围按1 cm分档，总肩宽按1.2 cm分档；女子的领围按0.8 cm分档，总肩宽按1 cm分档。对于较宽松的女上衣或产品号型规格不多的服装，在批量生产时，一般均根据男子的规格档差推档，这样在推板时比较方便。

（5）人体的腰围分档数大于臀围分档数，这是符合人体变化规律的。在实际应用时，如果服装的规格不多，则腰围与臀围通常设定的分档数相等，这样便于打样裁剪，其误差也在允许的极限偏差范围之内。

第二节　样板制作工具

一、笔

1. 铅笔

在样板制作时应选用 H ～ 4H 型的硬性铅笔，规格应选用 0.3 ～ 0.5 mm 的铅芯为宜。

2. 彩色水笔

在样板制作时使用三种颜色的水笔做标记及纱向符号。①面料样板使用其中一色水笔写提示说明；②里料样板使用第二种颜色水笔写提示说明；③衬料及辅料样板使用第三种颜色水笔写提示说明，如图 1—8 所示。

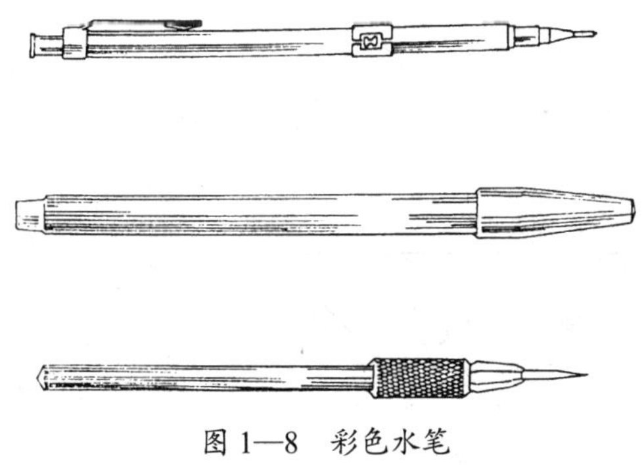

图 1—8　彩色水笔

二、纸

1. 黄板纸

因样板在工业生产过程中要反复使用，所以应尽可能选择耐用的制板纸。在工业制板

中常选用克重 200 g 以上的黄板纸。

2. 复写纸

复写纸是一种特殊的涂蜡纸，能将描画的线印到织物上。假缝试样、修正板型常使用复写纸。

3. 拷贝纸

拷贝纸为半透明状的纸，用于核对样板各个部位的相贯线迹是否弧顺或吻接无误。

4. 坐标纸

坐标纸是一种特制的放码专用纸。纸的质地与硫酸描图纸近似，呈半透明状，表面印有排列整齐的坐标点。

三、尺

1. 直尺（见图 1—9）

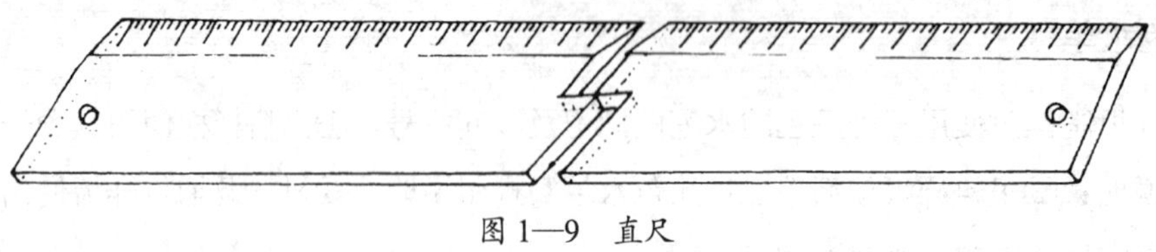

图 1—9　直尺

2. 三角尺

此尺两把为一套，其内角都有一个 90°，其余的内角是 45° 和 45°、30° 和 60°，规格选用 40 cm 为宜，如图 1—10 所示。

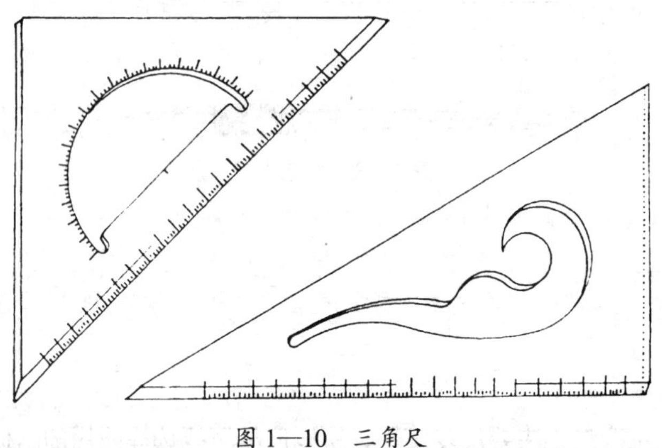

图 1—10　三角尺

3. 弧形刀尺（见图 1—11）

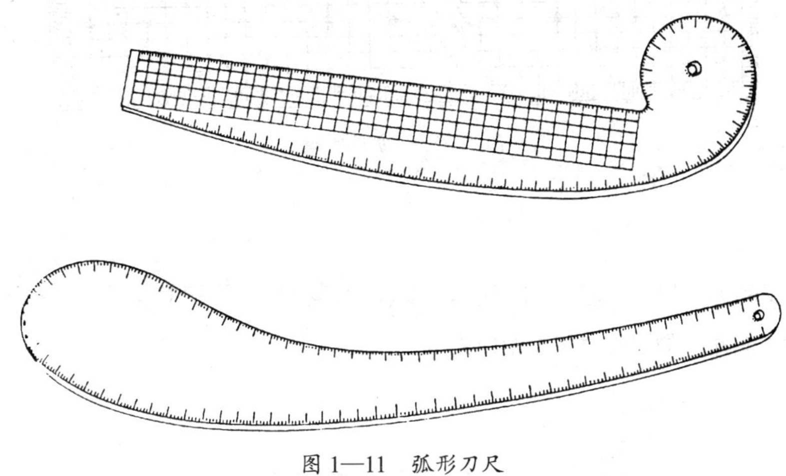

图 1—11　弧形刀尺

四、辅助工具

1. 描线轮

描线轮（见图 1—12）能将制板图样印到织物上。针状边缘的描线轮可以刺透厚型呢绒织物；光滑边缘的描线轮则不会损坏超薄型织物，如丝绸、雪纺绸等柔软光滑的织物。

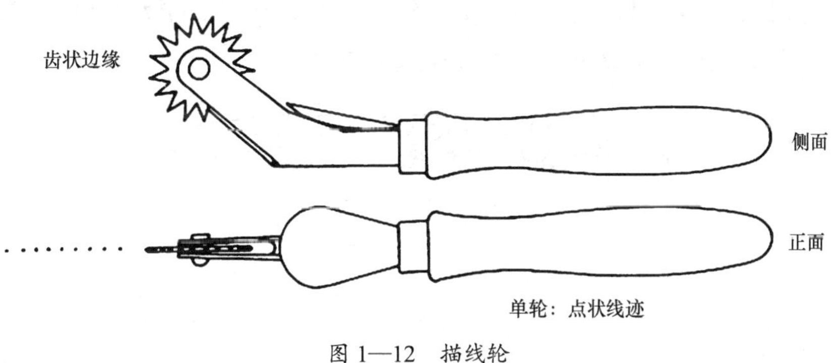

图 1—12　描线轮

2. 方眼定规

方眼定规规身呈透明状，方便画线人看清所量和所画的东西，如图 1—13 所示。它可用来查看织物的纹理，标画省位线、褶裥位、纽孔位、袋位等；又可用于交叉结构定位，更改纸样以及使直边相互垂直；还可用于纸样做缝量及折边量的定位。而且方眼定规具有圆规作弧的功能，是制板专用工具。

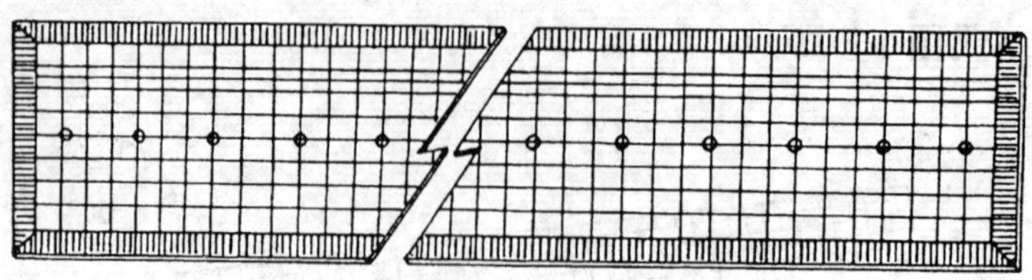

图 1—13　方眼定规

3. 扣口钳

扣口钳又称刀口钳，如图 1—14 所示，其扣口形状有 V 型和 U 型两种。在工业用板的板型上，做相应对位的记号时使用扣口钳。

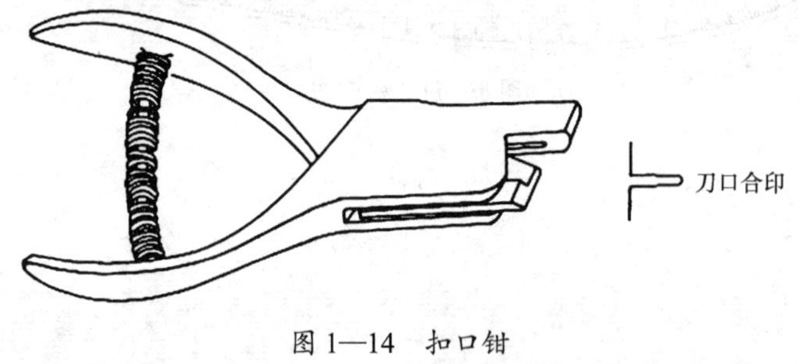

图 1—14　扣口钳

4. 冲子

冲子（见图 1—15）以直径 1.5 ~ 3 mm 的规格为宜。在制板的板型内部，省尖、袋位两端、纽扣及扣位处，均需冲出“针眼”以便缝制定位。

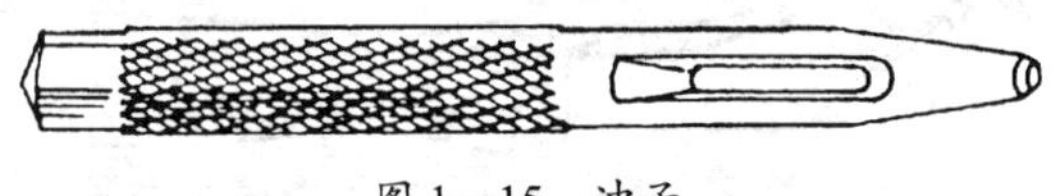

图 1—15　冲子

第三节　样 板 分 类

服装样板根据用途，一般可分为毛样板和净样板两大类。

一、毛样板

毛样板主要有裁剪样板和劈剪样板两种。

1. 裁剪样板

裁剪样板也称大样板，主要用于裁剪车间排料、裁剪、划样，样板已包含了面料的缩率、放缝、贴边等。

与服装结构制图通常只绘制服装的主要部件结构图不同，服装的裁剪样板不只是主要部件（大身）及零部件样板，还包括面料样板、夹里样板、衬料样板及辅料样板。

2. 劈剪样板

劈剪样板主要用于高档产品裁片的修正，特别是对于需要对条、对格、对花的产品或需要进行预缩处理的部件，批量裁剪时不可能每层都裁剪准确，需要在缝制时再归正修剪，如图 1—16 所示。有时产品由于经纬向缩率不一致，需要预缩后修剪或经过粘合机粘合后再修剪，例如男衬衫的过肩、西服的领和驳头等。

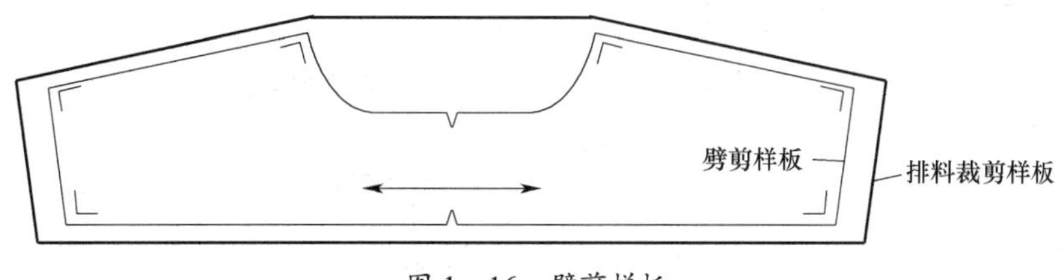

图 1—16　劈剪样板

整件服装中有些小的零部件，如袋盖、带袢、装饰件等，批量裁剪时不易裁准，缝制时也需要用劈剪样板进行修正。

二、净样板

净样板也称工艺样板，主要用于缝制时定位、定量，扣烫和锁钉时定位、定量。

1. 定型样板

定型样板是指缝制过程中对零部件外形、规格进行定型的扣烫模板，如图 1—17 所示。车工在缝制前将小部件（如圆贴袋、袢等）扣边烫平及翻转定型，使零部件外形轮廓正确，大小规格一致。工厂一般使用薄黄铜皮制作定型样板，使其既薄、硬、不变形，又耐烫。有些工厂使用专用的定型设备，如衬衫领角定型机等。

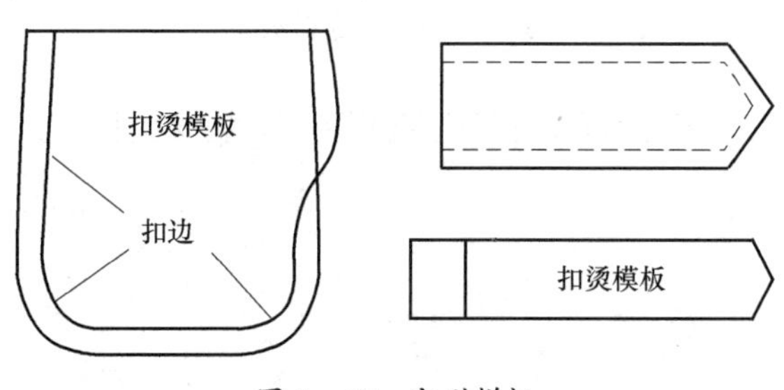

图 1—17　定型样板

2. 定位样板

定位样板是指在批量裁剪时，不能使用眼刀、钻眼等方法来整批定位的副扎及锁钉需要定位用的样板，如图 1—18 所示。有些产品由于材料的性能、客户的要求等原因，必须对裁片逐片进行定位，使组合装配位置正确、左右对称，如定袋位、省尖位、扣眼位、分割抽裥位等；有些需要对裁片进行逐片划线，如西服的串口线、圆角下摆等。

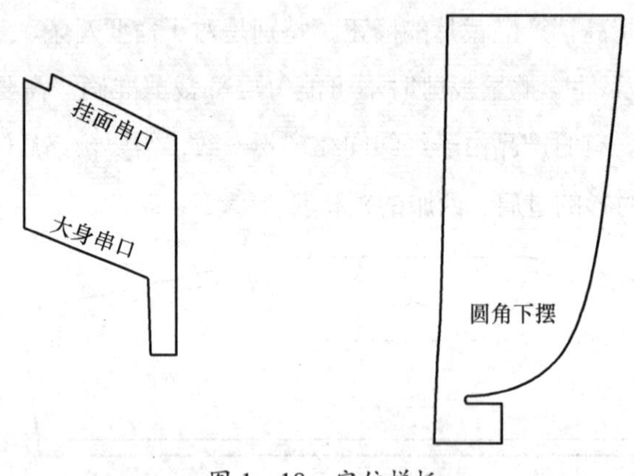

图 1—18 定位样板

3. 定量样板

定量样板主要是指用于控制一些较长部位宽度和距离的小型模板，如上衣的底边、裙子的下摆折边等，如图 1—19 所示。

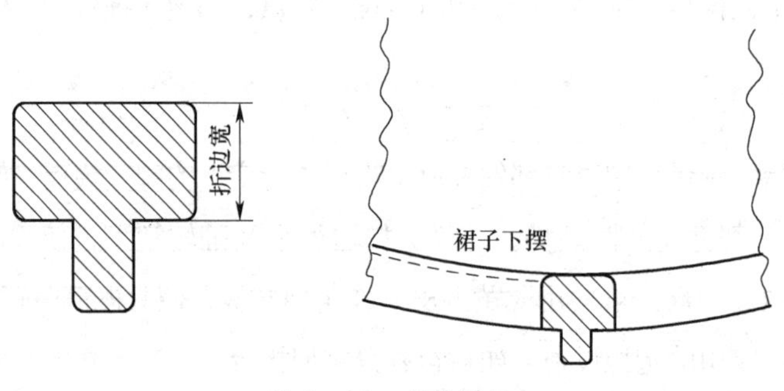

图 1—19 定量样板

在生产中根据加工工艺的不同，有时还会用到一些特殊的样板，例如绣花、印字用的漏花样板等。

第四节　样板的缩率与放缝

与服装结构制图无法考虑服装材料的缩率不同，服装样板必须将服装材料的缩率加在服装裁片各部位结构制图中，然后根据缝制工艺的要求放缝、加贴边等。

一、服装样板缩率的加放

缩率是在服装实际生产中碰到的最棘手的问题，而产生缩率的因素又是多方面的。对服装材料来说，一般都存在着缩率。由于生产的流程、加工的设备不同，各企业使用不同的材料会产生不同的缩率。同一品种的面辅料，由于生产的厂家不同，生产日期的早晚，产品的染色、后整理不一样，缩率也不一致，甚至生产时的气候条件特别是空气的湿度也会对材料的缩率有一定影响。当前服装材料的不断更新，使得其性能更不易掌握，服装材料的缩率在样板制作时应引起足够重视。

服装材料的缩率主要有以下几种：

1. 自然回缩率

服装面辅料在生产过程和后整理定型时受到一定程度的拉伸，在松弛后会产生自然回缩。

2. 水洗缩率

服装面辅料经过洗涤后产生的缩率称为水洗缩率。而通常服装加工前是不能将面料做水洗处理的。

3. 熨烫缩率

熨烫缩率是指服装裁片及成品在生产过程中，经过粘合、熨烫等生产工艺后产生的缩率。有的服装面辅料水洗时并不收缩，但经过高温熨烫定型后，其缩率比较大。

4. 洗磨缩率

某些服装成衣根据成品的要求，需要在后期进行洗磨处理，例如真丝电力纺、灯芯绒成衣的砂洗处理，牛仔布衣裤的石磨处理等。这些成品的洗磨缩率比较大，且不容易控制，洗磨时的条件略有不同就会引起缩率较大的差异。

服装在整个生产过程中，各道工序会产生不同的缩率，在制作样板时应综合考虑这些缩率。对于缩率较大的面辅料，如有可能，尽量将面辅料进行预缩处理，这样可以减小成品的规格误差及变形。

常用织物的水洗缩率可参见表 1—3 至表 1—5。

表 1—3　棉布的水洗缩率

品种		水洗缩率（%）	
		经向	纬向
丝光布	平布（粗支、中支、细支）	3.5	3.5
	斜纹、哔叽、华达呢	4	3
	纱卡、纱华达呢	5	2
	线卡、线华达呢	5.5	2
	府绸	4.5	2
本光布	平布（粗支、中支、细支）	6	2.5
	纱卡、纱华达呢	6.5	2
男女线呢		8	8
条格府绸		5	2
劳动布		9	5
被单布		9	5
灯芯绒		5	2
防缩处理各类印染布		1 ~ 2	1 ~ 2

表 1—4　呢绒、丝绸的水洗缩率

品种			水洗缩率（%）	
			经向	纬向
精纺呢绒	含羊毛 70% 以上		3.5	3
	一般织物		4	3.5
	涤占 45% 以上		1	1
粗纺呢绒	呢面	含羊毛 60% 以上	3.5	3.5
		含羊毛 60% 以下	4	4
	绒面	含羊毛 60% 以上	4.5	4.5
		含羊毛 60% 以下	5	5
	组织结构较松		5 以上	5 以上

续表

品种		水洗缩率（%）	
		经向	纬向
丝织品	蚕丝织物	5	2
	桑蚕丝和其他交织	5	3
	人造丝交织	8	3
	纯涤纶丝织	0.5	0.5
	棉纶、合成长丝交织	2	2

表 1—5　化纤面料的水洗缩率

品种		水洗缩率（%）	
		经向	纬向
粘胶	人造棉、有光纺	10	8
	富纤	5	4
	线绨	8	4
涤纶	涤 / 粘、涤 / 富	3	3
	涤 / 棉平布、细纺、府绸	1.5	1
	涤 / 棉卡其、华达呢	2	1.2
	涤 / 腈中长纤维	3	3
	涤 / 粘中长化纤	3	3
锦纶	化纤呢绒	3.5	3
	粘 / 锦华达呢	5	4.5
	粘 / 锦凡立丁	4.5	4.2
腈纶	腈 / 粘布	5	5
维纶	棉 / 维卡其、华达呢	5.5	2.5
	棉 / 维平布	3.5	3.5
	棉 / 维府绸	4.5	2.5
丙纶	棉 / 维漂色花布	5	5
	棉 / 丙布	3.5	3

为了保证成品规格的正确，必须对面辅料的缩率进行测定。水洗缩率的计算公式是：

（经或纬）水洗缩率（%）=［缩水前长度（或宽度）－缩水后长度（或宽度）］÷ 缩水前长度（或宽度）×100%

水洗缩率只是缩率中的一个因素，在样板制作时，要根据总的缩率对衣片各部位的长度、围度进行加放。

加放量的计算公式是：

加放后长度（或宽度）= 成品规格长度（或宽度）÷［1- 经向（或纬向）总缩率（%）］

面料衣片上如有挖袋、分割、拼接等工艺，也会对经纬向缩率产生影响。

二、放缝要求

服装结构制图中裁片的外轮廓线一般都是成品的净样，根据缝制工艺的要求，需要加放缝头、贴边等才能制作成品。放缝的多少与服装款式、工艺要求、加工设备及样衣要求有关。常见的缝头放缝和贴边见表 1—6。

表 1—6　常见缝头放缝和贴边　　单位：cm

部位		放缝	说明
一般平缝	薄料	0.8	薄料为缉缝后双层边，其他料包括拷边量 0.2
	中厚料	1.0 ~ 1.2	
	厚料	1.2 ~ 1.5	
弧线放缝	一般料	0.8	主要指领圈、袖窿等部位
	厚料	1.0 ~ 1.2	
内缝		0.8 ~ 1.0	不拷边的缝合部位
裤子脚口	贴边	3 ~ 4	或根据工艺要求
	外卷边	10 ~ 12	
上衣底边及袖口		3 ~ 4	
衬衫底边	宽卷边	2.0 ~ 2.5	用于一般男女衬衫
	小卷边	0.6 ~ 0.8	用于圆角下摆衬衫
其他缝头按具体要求而定			

对服装裁片的放缝和加贴边，还应注意以下几点：

1. 缝制时使用包缝、来去缝、拉压缝等工艺，放缝依据成品的要求而定。例如使用拉压缝，一般上层放缝 0.6 ~ 0.8 cm，下层放缝 1.2 ~ 1.5 cm，上层包在里面，不拷边，如图 1—20 所示；如果是薄料没有夹里，两层放缝一样，双层拷边。

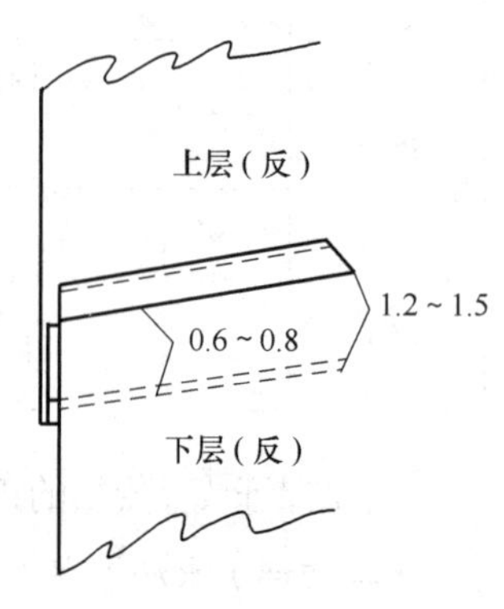

图 1—20　拉压缝

2. 上衣的底边、袖口边，裤子的脚口边，裙子的裙摆等，如果是外弧形的，贴边不宜太宽，否则当贴边折转时，外口线长，缝制时边缘易起皱、不平服。

3. 有夹里的上衣底边及袖口边，一般面料贴边加放 3 ~ 4 cm，夹里按面料加放贴边后短 2 ~ 2.5 cm，这样里子有一定的坐缝并使里子不外露，如图 1—21 所示。

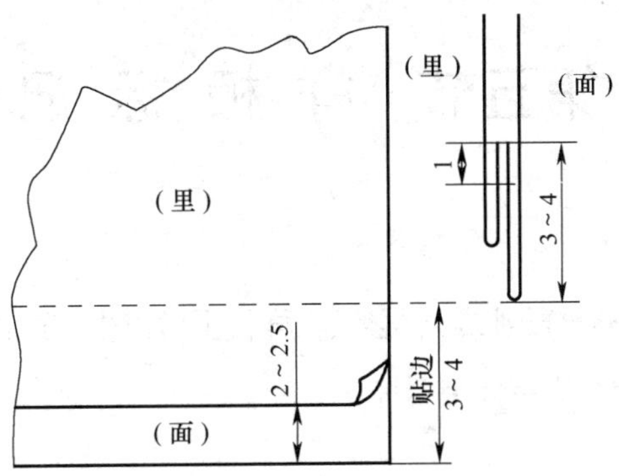

图 1—21　有夹里的上衣底边及袖口边的加放

4. 对于质地较松的面料，放缝量应略多加一些。需要对条、对格的服装放缝较多，有时甚至是粗裁，缝制时再用劈剪样板校正后修剪。

5. 在样板制作和批量裁剪时，不要为了节省面料减少放缝、贴边量；也不要为了裁剪时操作方便增加放缝、贴边量，特别是裁片的弧线部位。

毛样结构图图例如图 1—22 所示。

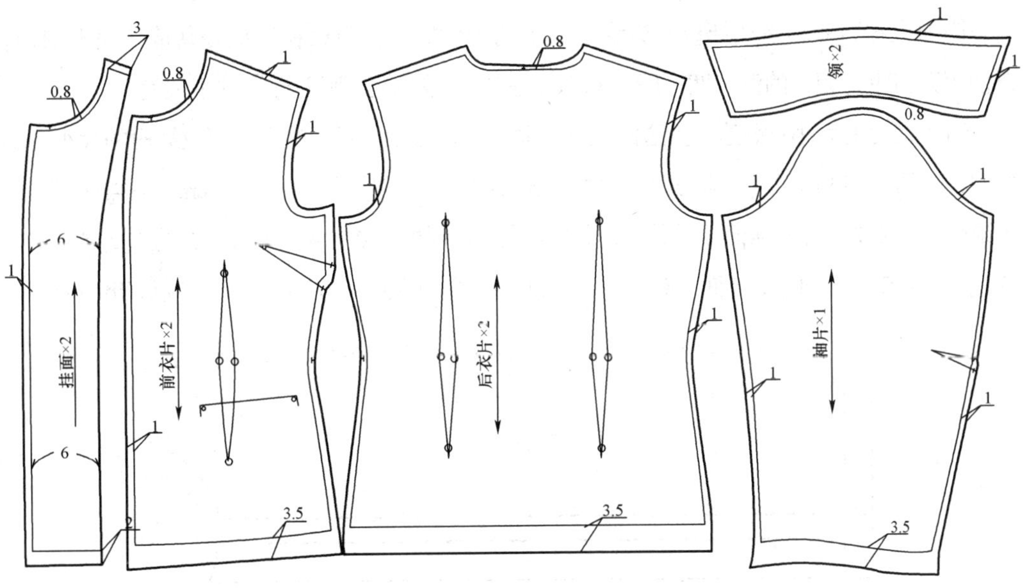

图 1—22　毛样结构图图例

第五节　样板标记

制作好一件服装的整套样板以后，必须在样板上做出生产过程中所需的各种标记。样板的标记主要有定位标记和文字标记两种。

一、定位标记

样板上的定位标记是指为了排料、划样、裁剪需要做出的记号，它对缝纫装配起着指导作用，缝制时可按裁片上的记号进行操作，使产品的位置一致。样板上的定位标记主要有眼刀和钻眼两种。样板上的眼刀、钻眼记号明显，眼刀较深，钻眼孔较大；而裁片上的眼刀深度一般为缝头宽的 1/2（0.5 ~ 0.7 cm），钻眼孔直径一般为 0.15 ~ 0.2 cm。

1. 眼刀

眼刀也称刀眼，是在样板的边缘上做出的定位标记，刀口在标记处剪成三角形缺口，或使用刀口钳，刀口的深、宽一般为 0.5 cm 左右。需要做出眼刀标记的主要有：

（1）缝份的大小及贴边、折边的宽度：同一块样板上，不同的组合部位缝份的大小会不相同，如图 1—23 所示。剪眼刀时，对整件服装统一的一般缝份（0.8 ~ 1 cm）只需在工艺单上说明，样板上不必做标记，否则样板上眼刀太多，样板容易损坏。贴边、折边主要是指上衣的底边、袖口边、门襟的挂面、裤子的脚口边、裙子的裙摆等，贴边、折边必须剪出眼刀。

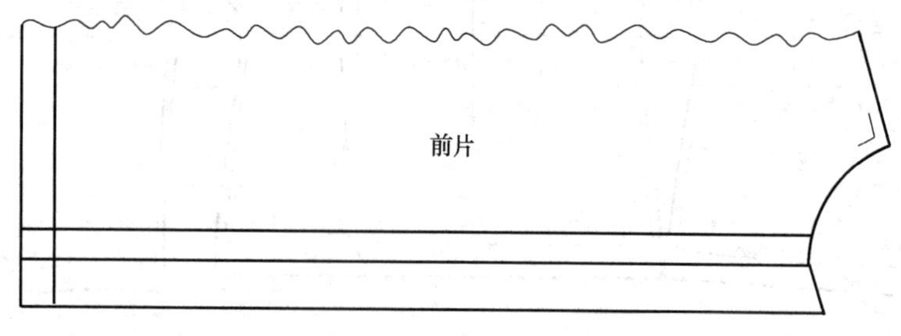

图 1—23　缝份的大小

（2）收省、折裥、抽裥的位置和起止点：收省、折裥位置按收省量、折裥量大小剪出眼刀；需要缉裥、抽裥的位置，按起止点剪出眼刀，如图 1—24 所示。

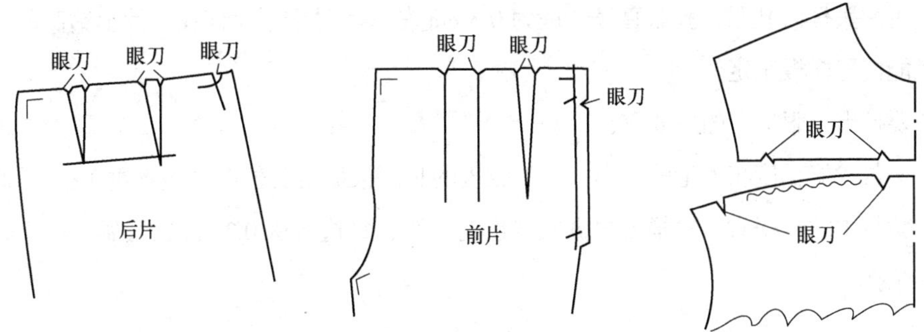

图 1—24　收省、折裥、抽裥的位置和起止点

（3）开衩及内缝位置：开衩位置按缝纫组合对同位置剪出眼刀，衣片的内缝位置根据组合缝份量的大小剪出眼刀，如图 1—25 所示。

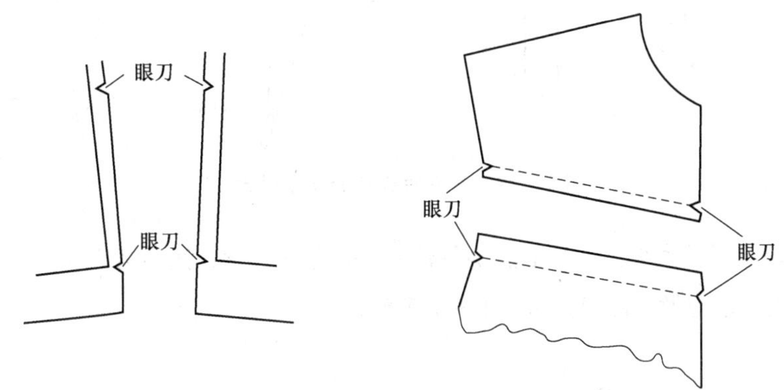

图 1—25　开衩及内缝位置

（4）零部件的装配位置（见图 1—26）。

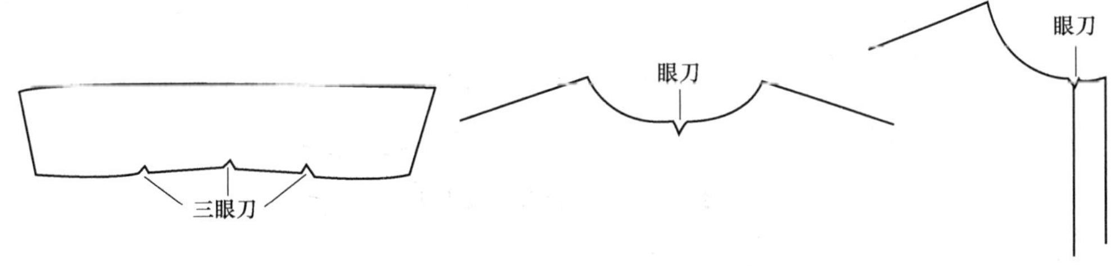

图 1—26　零部件的装配位置

（5）裁片需要对条、对格标记的部位。

（6）其他需要标明的位置。

2. 钻眼

钻眼也称打孔，是指在样板上需要做出定位标记而无法剪眼刀的部位，主要是在样板

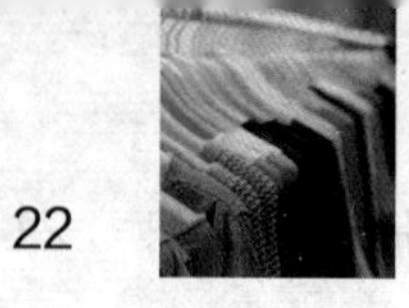

内部，用冲头打出孔眼，孔眼直径一般为 0.3 cm 左右。对于不允许在裁片上钻眼的服装产品，只能使用样板来定位。

需要打出孔眼标记的主要有：

（1）收省的长度和省量的大小：裁片收省的长度根据省尖位向省中各进 1 cm 钻眼做出标记；裁片中的钉子省、橄榄省根据收省量的大小，每边各进 0.3 cm 钻眼做出标记，如图 1—27 所示。

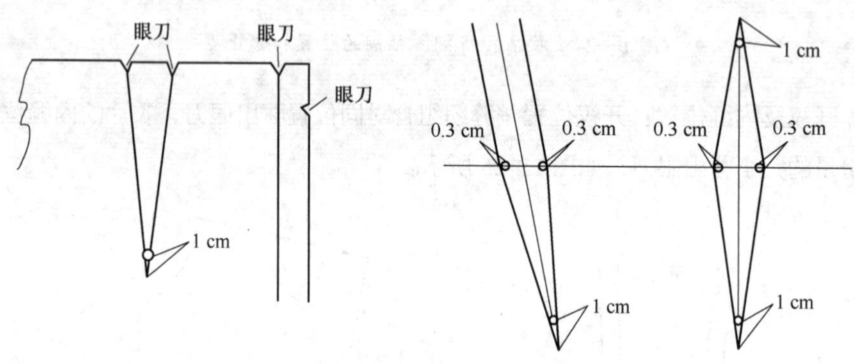

图 1—27　收省的长度和省量的大小

（2）装袋位置及大小：衣片上需要贴袋、开袋等的位置，按规格尺寸，比实际袋口每边各进 0.3 cm，钻眼做出标记，如图 1—28 所示。

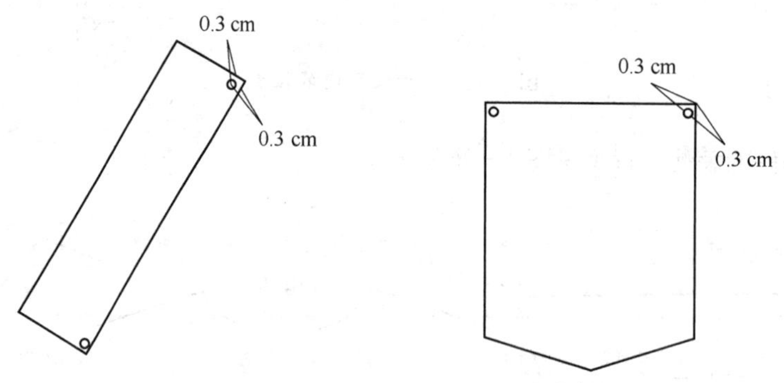

图 1—28　装袋位置及大小

（3）打在缝份边上代替眼刀：对于部分质地较松的面料，在缝份边上剪出眼刀不明显时可采用在缝份边上钻眼来代替眼刀。

二、文字标记

样板上的文字标记用来说明裁片的名称、用途，裁剪时的数量、要求等。文字标记中的阿拉伯数字和英文字母应尽可能使用印章敲印或采用电脑打印，汉字书写时必须清晰、规范。

样板上的文字标记主要有：

1. 产品货号及编号

产品的货号及编号如果由客户提供，就按客户的要求填写。如果是设计产品，可以根据产品分类及用途进行编号，通常用汉语拼音来表示。如：DY 0315—1，“DY”意为冬季上衣。

2. 样板名称、号型、规格、体型符号

例如：男衬衫前片样板标记为“170/88A，72×110”，“72×110”表示成品的长度与围度，有的用 S、M、L 等来表示服装的规格。

3. 样板种类

裁剪用毛样板有面料样板、衬料样板及里子样板之分，可使用不同颜色的样板纸制作或用不同颜色水彩笔标记，便于区别。净样板应注明是劈剪样板、扣烫样板，还是定位定量样板等。

4. 部件名称及裁片数量

例如：“前衣片 1×2”是指前衣片只有 1 块样板，裁片为对称的 2 片；“前衣片 2×2”是指前衣片分割 2 块样板，每块要裁剪对称的 2 片；男衬衫袖头样板标记为“1×4”，是指裁片的数量为 4 片。

5. 成品纱向

在样板上用双向箭头符号“⟷”表示裁剪时成品要求的经向，有些有倒顺毛、倒顺图案文字、鸳鸯条格的产品，应用顺向符号“→”表示。成品的纱向符号要求在样板的正反面均标注，以便排料。

6. 其他文字标记

服装产品门襟与里襟不对称的样板，称为鸳鸯样板，应在样板上注明左右片及正反面。需要利用布边（光边）排料裁剪的，应在样板边做出标记。衣片一般为左右对称，裁剪样板应制作成整块，如只有一半的左右对称样板，应在中心线位置标明“连口”。某些有较多分割组合的衣片，应在相互组合的部位做出拼接标记，并标出上下、左右、前后等。

三、样板的检查复核

样板制作完成后，应认真进行检查和复核，做到准确无误，不能有差错和缺漏。样板检查复核的主要内容如下：

1. 根据效果图、款式图、实物样品及生产任务单的成品规格进行核对，查看样板是否符合要求。

2. 检查整件服装组合的主要部件及零部件是否齐全、有无缺漏。

3. 校对各主要部位及小部位的尺寸，包括经纬向缩率、缝份贴边等是否在产品允许的极限偏差范围内。

4. 检查整个系列各档样板是否齐全，推板数是否准确。

5. 检查各裁片及部件之间的组合关系是否正确、合理，包括吃势量、领子与领圈、袖山与袖窿、抽裥量等。

6. 检查每块样板的四周直线是否顺直，弧线及凹势是否圆顺。

7. 检查应该在样板上做出的定位标记、文字标记是否有缺漏，位置及大小是否符合要求。

8. 检查样板的制作是否考虑到材料的性能、加工的设备、缝制的工艺等因素对裁片的要求。

样板在检查复核的过程中需做好记录，确认无误后，在样板的四周盖上样板边章。

第六节　工业样板的审核、保管及领用

在制作工业样板时，要做到一丝不苟，除了保证质量以外，还必须加强对样板的审核、保管及领用方面的管理工作。

一、工业样板的审核

为了保证样板的质量，避免差错事故的发生，所制作的各类工业样板都必须经过严格的审核确认后方能交付使用。

工业样板的审核内容与要求主要有以下几个方面：

1. 款式结构与各部位的比例、大小、形状、位置是否与实物样品、设计图样、照片及纸样等相符。

2. 所有衣片与零部件是否齐全，有无缺漏。

3. 所有应注明的文字标志是否清楚、准确，有无漏注、漏标。

4. 规格尺寸（包括尺寸的推板率、加工损耗率、放缝份贴边等）是否准确。

5. 样板四周刀口是否顺直，板线是否圆顺。

6. 各档规格是否齐全，跳档数值的计算是否准确。

7. 定位标记是否准确，有无漏标。

8. 各组合部位（包括面、里、衬料，领型和领圈，袖山和袖圈等所有组合部位）是否相符。

9. 是否考虑原料、辅料的性能和制作工艺等因素。

初次制作的样板通过以上审核后，还应进行样品的试制，根据试制中发现的问题做进一步改进和修正。

审核样板要做好记录，并在样板四周盖上审核章。未经审核的样板，一律不准交付使用。

已通过审核的各类样板，任何人不得擅自修改。必须修改时，应得到企业技术主管人员的批准同意，并做好修改记录，通过一定的程序和手续重新制作样板。对修改或重新制作的样板，仍需进行上述审核，并在样板四周盖好审核章后才能交付使用，同时要把原来不合格的样板随即作报废处理。

二、工业样板的保管

工业样板的保管是一项严谨、细致、有序的工作。保管得当，不仅可以保证工业样板的质量，还可以延长工业样板的使用寿命，更重要的是可以避免由于样板乱丢、乱放而造成的差错及事故。工业样板的保管可以分为保管室保管和使用过程中保管两类。

1. 保管室保管工业样板的有关规定

（1）应将不同类型的样板进行分类、分档，以便查找。

（2）应做好立卡登记工作，记载样板原有编号、大小片数量、品名、型号、规格系列以及有关位置。

（3）应合理放置样板。当样板放置于搁架上时，应大样板在下、小样板在上，搁放平整，防止变形。当样板吊挂存放时，应尽可能使用木夹板，上衣样板可将底边朝上夹牢吊

挂。如遇软型纸样，切忌折叠，应平挂、平摊或卷成筒形。

（4）工业样板应放置于通风干燥处，防止受潮变形，防止日光直接暴晒以及虫蛀鼠咬。

（5）处理长期不用无保管价值的样板时，应有具体清单，通过一定的审批程序后方可销毁，任何人不得擅自销毁样板。

（6）样板的领用与归还应做好登记和销号手续，并注意检查样板的编号、数量和完整程度。

（7）样板保管人员无权私自出借样板，如需出借，则必须经企业主管人员批准，并做好借、还登记手续。

2. 使用过程中保管工业样板的有关规定

（1）样板在使用过程中要有专人负责。由专人在上班前拿出供使用，下班后按规格尺寸、数量清点后妥善安放。

（2）样板在使用过程中不得乱丢、乱放、乱压，防止与硬质、锋利的物品接触。

（3）样板在使用过程中不得任意修剪和涂画，以保持样板的完整和清洁。如在排样时某些部位需要互借，则只能在划皮上变动，不能改变样板原型。

（4）样板在使用过程中如发生损坏，需要重新复制时，需办理一定的手续。对复制后的样板同样要经过相关审核和加盖审核章，并加注有关文字说明等。

（5）样板在使用过程中，未经正式批准，任何人不得将样板出借给个人或外单位使用、复制。

（6）在使用样板时，切不可将不同型号、不同尺寸的样板同时放在划样台上，以免发生差错。

（7）样板使用完毕后应如数清理，办理归还手续。

三、工业样板的领用

1. 领用样板时，未经审核、未加盖样板审核章的各类样板，领用人按规定拒绝接受。

2. 领用样板要凭生产通知单，按通知单上规定的批号、名称、款式、号型规格领用。无生产通知单，样板保管人员有权拒绝发放样板。

3. 领用样板时，领用人必须按生产通知单上所规定的品名、款式、号型规格、样板块数等进行认真详细的核对，确认所领样板没有遗漏和差错。

4. 凡遇到生产急需或其他特殊情况无生产通知单时，领用人应办理临时手续，按照程序领用样板。

5. 领用样板必须办理签字手续；生产任务完成以后，交还样板时应办理交还手续。领用、归还样板应填写表格。

第七节　样板制作实例

现以号型规格为 170/88A 的普通男长袖衬衫为例制作整套样板。使用涤棉料裁剪样板，经测试，面料经向缩率为 2%、纬向缩率为 1%。普通男长袖衬衫样板制作的规格尺寸见表 1—7。

表 1—7　普通男长袖衬衫制板推板规格表（5· 4A）　单位：cm

号型 / 部位	160/80		165/84		170/88		175/92		180/96		档差
	规格数	采用值	规格数	采用值	规格数	采用值	规格数	采用值	规格数	采用值	
后中长－过肩宽	62	63	64	65	66	67	68	69	70	71	2
胸围	102	103	106	107	110	111	114	115	118	119	4
肩宽（过肩）	43.6	44.6	44.8	45.8	46	47	47.2	48.2	48.4	49.4	1.2
领大	37	37.8	38	38.8	39	39.8	40	40.8	41	41.8	1
长袖长－袖头宽	49.5	50.5	51	52	52.5	53.5	54	55	55.5	56.5	1.5

按面料经向缩率 2%、纬向缩率 1%，根据中号规格 170/88A 计算如下：

后中长 72- 过肩宽 6=66，66÷（1-2%）≈67.3 取 67，每档增加数为 1 cm。

胸围 110，110÷（1-1%）≈111.1，取 111，每档增加数为 1 cm。

肩宽（过肩）46，46÷（1-2%）≈46.9，取 47，每档增加数为 1 cm。

领大 39，39÷（1-2%）≈39.8，取 39.8，每档增加数为 0.8 cm。

长袖长 58.5- 袖头宽 6=52.5，52.5÷（1-2%）≈53.57，取 53.5，每档增加数为 1 cm。

按以上规格制图后再放缝、加贴边，制作好整套裁剪用毛样板，并在样板上做出各种标记，如图 1—29 所示。

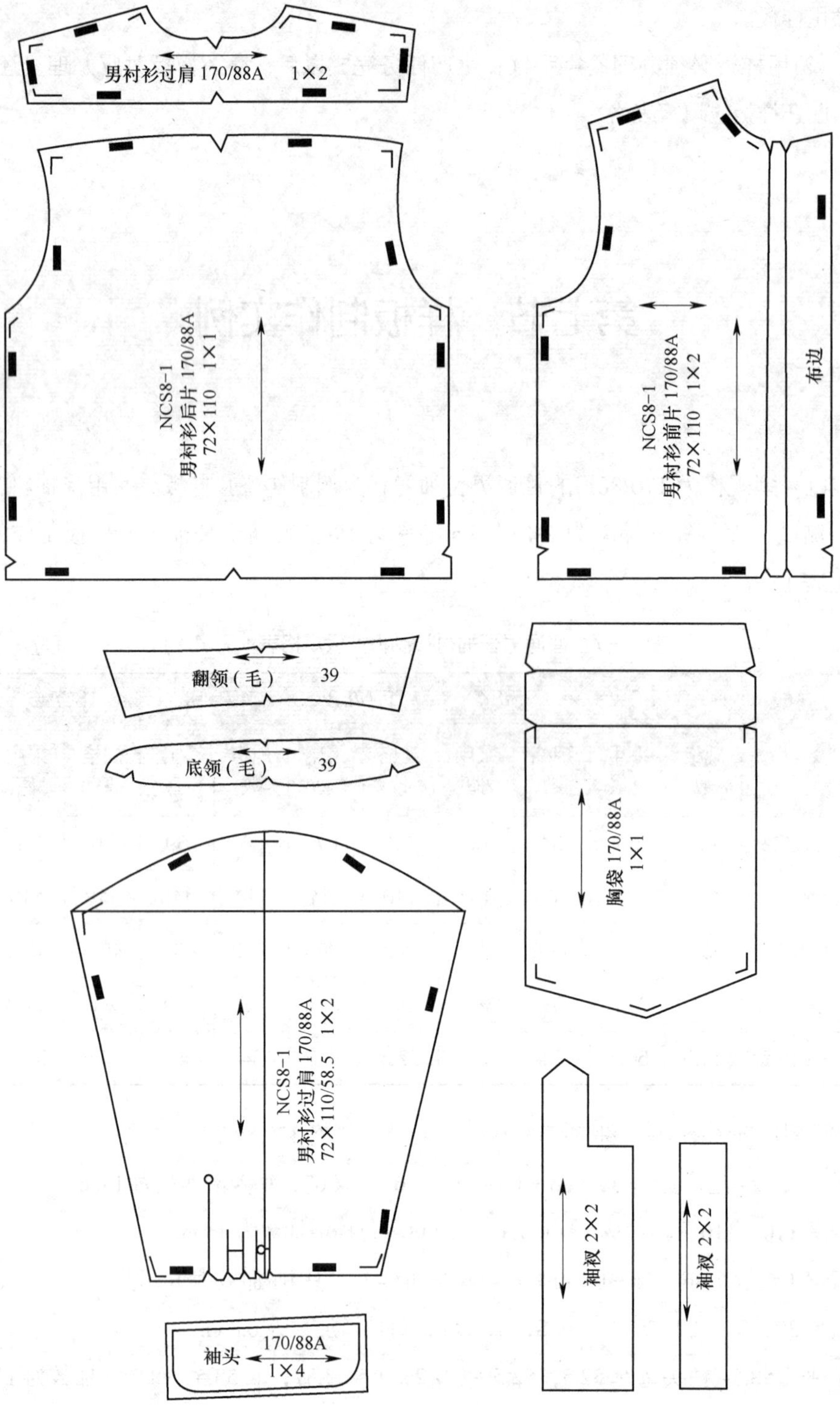

男衬衫过肩 170/88A　1×2

NCS8-1
男衬衫后片 170/88A　1×1
72×110

NCS8-1
男衬衫前片 170/88A　1×2
72×110

布边

翻领（毛）　39

底领（毛）　39

胸袋 170/88A
1×1

NCS8-1
男衬衫过肩 170/88A　1×2
72×110/58.5

袖衩 2×2

袖衩 2×2

袖头 170/88A
1×4

▬ 为印章记号

图 1—29　样板标记示意图

普通男长袖衬衫的样板、裁片数量见表 1—8。

表 1—8　普通男长袖衬衫样板、裁片数量表

编号	部件名称	样板数	裁片数	用料及要求
1	前衣片	1	2	挂面利用布边，或用翻门襟
2	后衣片	1	1	背中连口
3	过肩	2	2	样板毛净各 1，面料面里各 1，直料
4	袖片	1	2	两边对称
5	翻领	2	2	样板毛净各 1，面料面里各 1，直料
6	底领	2	2	样板毛净各 1，面料面里各 1，直料
7	胸袋	2	1	样板毛净各 1，或根据款式要求
8	袖头	2	4	样板毛净各 1，面料面里各 2，直料
9	袖衩门襟	2	2	样板毛净各 1，或用直袖衩
10	袖衩里襟	2	2	样板毛净各 1，或用直袖衩
11	翻领衬	2	2	样板毛净各 1，粘合衬，或按面料定
12	底领衬	1	2	净衬，直丝粘合衬，或按面料定
13	袖头衬	1	2	直丝粘合衬

再以男西裤为例，说明男西裤制板推板的规格尺寸（见表 1—9）。

表 1—9　男西裤制板推板规格表（5· 4A）　单位：cm

号型 部位	160/66		165/70		170/74		175/78		180/82		档差
	规格数	采用值	规格数	采用值	规格数	采用值	规格数	采用值	规格数	采用值	
裤长	96.5	99.5	99.5	102.5	102.5	105.5	105.5	108.5	108.5	111.5	3
腰围	68	69.5	72	73.5	76	77.5	80	81.5	84	85.5	4
臀围	96.6	98.6	99.8	101.8	103	105	106.2	108.2	109.4	111.4	3.2
上裆	24.5	25.3	25	25.8	25.5	26.3	26	26.8	26.5	27.3	0.5
脚口	20.2	20.7	20.6	21.1	21	21.5	21.4	21.9	21.8	22.3	0.4

按面料经向缩率 3%、纬向缩率 2%，根据中号规格 170/74A 计算如下：

裤长 102.5，102.5 ÷（1–3%）≈105.67，取 105.5，每档增加数为 3 cm。

腰围 76，76 ÷（1–2%）≈77.55，取 77.5，每档增加数为 1.5 cm。

臀围 103，103 ÷（1–2%）≈105.1，取 105，每档增加数为 2 cm。

上裆 25.5，25.5 ÷（1–3%）≈26.3，取 26.3，每档增加数为 0.8 cm。

脚口 21，21 ÷（1–2%）≈21.43，取 21.5，每档增加数为 0.5 cm。

思考与练习

1. 请说出棉、呢绒、丝绸、化纤面料的水洗缩率。

2. 简述毛样板的裁剪样板、劈剪样板，净样板的定型样板、定位样板、定量样板的作用和使用方法。

3. 请说出常见缝头的放缝和贴边。

4. 简述眼刀、钻眼在样板中的要求。

第二章
推板基础知识

现代服装工业化生产要求同一种款式的服装要有多种规格，以满足不同体型消费者的需求，这就要求服装企业按照国家或国际技术标准制定产品的规格系列，制作全套或部分裁剪样板。

在制作服装样板时，通常都会选择其中一个规格（一般都是中间号）进行服装制板，然后在此规格基础上进行缩放，推出多种规格。这种以标准样板为基准，兼顾各个号型，进行科学计算、缩放，制定出系列号型样板的方法叫作规格系列推板，缩放纸样制成多种规格样板的过程就叫服装推板，简称推板，也叫服装放码。

要想学会各款式的推板，首先必须充分了解推板的原理及方法（包括推板的要求、步骤和方法），掌握推板的计算，这样才能为具体款式的推板打下坚实的基础。

学习目标

1. 掌握推板的原理及方法（包括推板的要求、步骤和方法）。
2. 掌握推板的计算。

第一节　推板的原理及方法

服装样板推板是以标准样板（母样板）为基准，根据各个号型系列之间的规格档差，在制图的相关部位找出基准点，并确定与各个规格有关联的公共线，扩大或缩小标准样板，制作出成套样板的方法。

通过样板推板制作出的成套样板，一定要做到“形”不变、“量”不变。也就是说样板推板后每个号型服装的整体外观风格、各部件的外形及各部件的装配位置和组合关系保持不变，每个号型的服装主要部位及零部件的规格尺寸要符合产品的规格要求。所以，从数学角度来看，样板推板后的图形与标准样板是相似形，推板的方法符合相似形变换制图的原理，如图 2—1 所示。

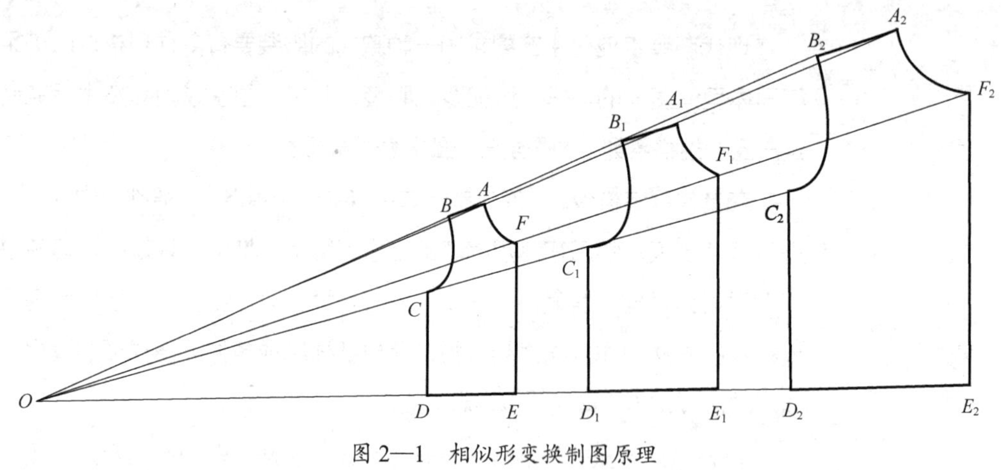

图 2—1　相似形变换制图原理

一、推板的要求

服装样板推板前，必须要做到以下几点：

1. 标准样板必须绝对正确

推板是以标准样板为依据的。在整套号型标准中，标准样板通常以中号或最小号规格制作，然后按中号规格两边推板或最小号规格扩号放大。标准样板中的裁剪样板都是毛样板，样板制作时已考虑了材料的缩率，根据缝制工艺要求加放了缝份、贴边，反复校正了各裁片之间的相互组合关系。当样板推板规格不多，其误差在允许的极限偏差范围内时，一般不需要考虑推板后的缩率和缝份。

2. 明确推板的号型规格

根据生产任务单的要求，确定需要推板的规格数和主要控制部位各规格的档差。根据国家服装号型标准，主要控制部位的档差通常是有规则的，也就是说各规格之间的数值是等差数列，这样推板时比较方便，但有的生产任务单上规格档差是非规则的，还有一些零部件当规格不多时不需要推板。

3. 分清成品规格要求的主要部位和其他部位

上装的主要部位有衣长（或后中长）、胸围、肩宽、领大、袖长、胸宽、背宽、袖口等，也有用小肩代替肩宽、用袖窿弧长来控制袖子的装配关系等，有的上衣根据款式的需要增加前腰节长（或背长）、胸高、摆围等。下装的主要部位有裤长（或裙长）、上裆、腰围、臀围、脚口（裙摆）等，有的要增加中裆、横裆等。主要部位和其他部位的关系是：在保证“形”不变、“量”不变及允许的极限偏差范围内，推板时首先保证主要部位规格的正确，对于其他部位的规格，根据整体外观风格和生产加工的要求，可在小范围内作一些调整。

4. 根据档差确定各部位推板的分配数

确定档差分配数的原则是按比例分配。例如，按5·4系列，上衣是四开身结构，胸围每增大4 cm，前后衣片的胸围各增大1 cm；衣长每加长2 cm，根据款式，胸围线以上部分加长0.6 ~ 0.8 cm，胸围线以下部分加长1.4 ~ 1.2 cm。

服装主要部位档差的分配数见表2—1和表2—2。

表2—1　服装主要部位推板数及计算方法（上衣）　单位：cm

部位		推板数	计算方法	说明
前片	衣长	2	衣长规格档差	
	前胸围大	1	1/4 胸围规格档差	适用于四开身上衣
		1.4	3.5/10 胸围规格档差	适用于三开身上衣
	前横开领	0.2	2/10 领大规格档差	适用于关领
	前直开领	0.2	2/10 领大规格档差	适用于关领
	前肩宽	0.6	1/2 肩宽规格档差	1/2 肩宽规格档差
	前胸宽	0.6	1.5/10 胸围规格档差	
	落肩点	0.2	1/20 胸围规格档差	从上平线量下

续表

部位		推板数	计算方法	说明
前片	袖窿深	0.6 ~ 0.8	1.5/10 胸围规格档差	从上平线量下，由款式定
	前腰节长	1	1/2 衣长规格档差	或按腰节长规格
后片	后胸围大	1	1/4 胸围规格档差	适用于四开身上衣
		0.6	1.5/10 胸围规格档差	适用于三开身上衣
	后横开领	0.2	2/10 领大规格档差	适用于关领
	后直开领	0.05		适用于关领，可以不推板
	后肩宽	0.6	1/2 肩宽规格档差	1/2 肩宽规格档差
	后背宽	0.6	1.5/10 胸围规格档差	
	落肩点	0.2	1/20 胸围规格档差	从上平线量下
	后背长	1	背长规格档差	
袖片	长袖长	1.5	长袖长规格档差	
	短袖长	1	短袖长规格档差	
	袖山高	0.4 ~ 0.6	1/10 ~ 1.5/10 胸围规格档差	由款式定
	袖肥	0.8 ~ 0.6	2/10 胸围规格档差	一片袖两侧缩放
	袖肘线	0.5	1/2（袖长规格档差 - 袖山高档差）	
	袖口大	0.4	1/10 胸围规格档差或袖口规格档差	一片袖两侧缩放，或按规格档差
领	领大	0.5	1/2 领大规格档差	在领净样中间缩放
	领面宽	0		一般不推板

表 2—2　服装主要部位推板数及计算方法（下装）　　单位：cm

部位		推板数	计算方法	说明
前片	裤（裙）长	3	裤（裙）长规格档差	中、短裤（裙）长根据规格定
	前腰节长	1	1/4 腰围规格档差	两侧以烫迹线为纵向公共线
	前臀围长	0.8	1/4 臀围规格档差	女裤臀围规格档差 3.6
	前裆宽	0.16	0.5/10 臀围规格档差	在门襟推板后再推板
	中裆宽	1.25	裤长上下档差之差的 1/2	以横裆线为横向公共线
	前横裆大	1	横裆规格档差（可设前后差）	两侧相等
	前中裆大	0.35	横裆大与脚口大档差或脚口规格档差	两侧相等
	前脚口大	0.2 ~ 0.25	1/2 脚口规格档差或脚口规格档差	两侧相等
	直袋口大	0.3	1/10 臀围规格档差	可以按规格定数不推板

续表

部位		推板数	计算方法	说明
后片	后腰围大	1	同前片	同前片
	后臀围大	0.8	同前片	同前片
	后裆宽	0.32	1/10 臀围规格档差	在后缝线推板后再推板
	中裆宽	1.25	同前片	同前片
	后横裆大	1	同前片	同前片
	后中裆大	0.35	同前片	同前片
	后脚口大	0.2 ~ 0.25	同前片	同前片
	后袋口大	0.3	1/10 臀围规格档差	可以按规格定数不推板

注：规格档差根据国家标准 GB/T 1335 系列服装号型（男子、女子、儿童）确定。

说明：①根据国家标准 5·4 系列，身高每增高 5 cm，一般长度上衣衣长增加 2 cm，裤长增加 3 cm，如果是短上衣、中长大衣、短裤（裙）等，按长度比例分配。5·3 系列上衣的胸围及下装的腰围按 3 cm 分配前后身。

②女装领围规格档差为 0.8 cm，肩宽规格档差为 1.0 cm，臀围规格档差为 3.6 cm。对于较宽松的女装，可按男装规格档差推板。

③长、短袖长是指一般长度，男女相同，如果是中袖等可按长度确定推板数。袖山高档差根据占袖长的比例确定，袖山高档差增大，袖肥档差相应减小。

④各服装的零部件可按长宽的比例分配推板数。

二、推板的步骤

根据标准样板推板可按以下步骤进行：

1. 确定公共线

对每一个需要推板的衣片，分别确定纵向公共线和横向公共线，纵向公共线为衣片的经向，横向公共线为衣片的纬向，两条公共线互相垂直。推板以公共线为坐标，向上、向下、向左、向右推移推板，公共线的设定应做到便于推板和衣片不变形。在实际应用时，公共线的位置是可以改变的。

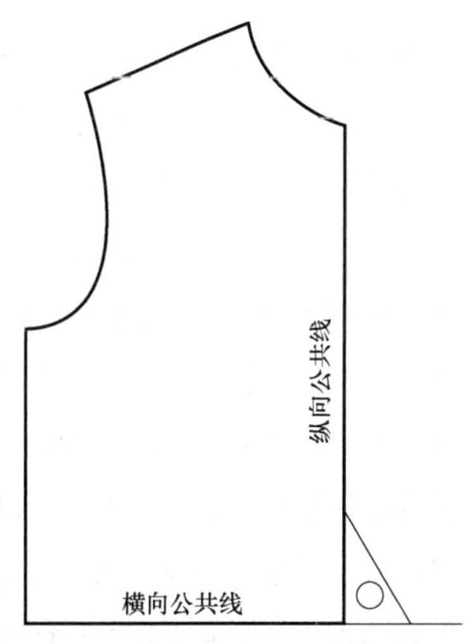

图 2—2　从衣片的纵向长度和横向宽度考虑公共线的确定

公共线的确定可以从以下三方面考虑：

（1）从衣片的纵向长度和横向宽度考虑。对简单的衣片，可以根据上下及前后确定一边为公共线，衣片的推板为单向。例如，衣片的前中心线为纵向公共线，底边线为横向公共线，推板的方向都在肩袖窿、侧缝位置，如图 2—2 所示。

（2）从衣片主要长、宽规格造型考虑。根据衣片的

宽度确定纵向公共线为左右两部分的分界线，根据衣片的长度确定横向公共线为上下两部分的分界线，推板时上下、左右双向进行推板，这样衣片的结构造型不易变形。例如，上衣的胸宽线为纵向公共线，胸围线为横向公共线；西裤的烫迹线为纵向公共线，横裆线为横向公共线。

（3）从便于推板时准确制图方面考虑。衣片的轮廓线有很多是不规则曲线及弧线，推板时弧线不容易画准且影响部位之间的组合关系，因此公共线的确定应尽量选定在曲线、弧线部位，这样制图时弧线简便，不易变形。例如，上衣前片胸宽线为纵向公共线，一片袖上平线为横向公共线，推板时，衣片的袖窿弧线及袖片的袖山弧线基本保持不变。

服装主要部位推板公共线的选择可参考表 2—3。

表 2—3　服装主要部位推板公共线的选择

品名	部位	纵向公共线	横向公共线
上衣	前衣片	胸宽线、前中心线	胸围线、上平线、底边线
	后衣片	后中心线（背中线）	胸围线、上平线、底边线
	一片袖	袖中线	袖肥线、上平线、袖口线
	两片袖	前袖缝基础线、袖中线	袖山深线、上平线、袖口线
西裤	前裤片	烫迹线	横裆线、上平线、脚口线
	后裤片	烫迹线	横裆线、上平线、脚口线

2. 确定基准点

推板时的基准点是衣片上有代表性的各点，推板后只要确定基准点在各档规格所在的位置，再将点与点根据结构制图的要求用直线或弧线进行连接，就可得到各档规格的轮廓图。基准点一般选定衣片四周的各个端点及弧线的起止点。为了方便制图，有时在弧线或曲线上可增加 1 ~ 2 个推板基准点。要注意的是，纵向、横向公共线是平面直角坐标的 Y、X 轴，当扩号时，坐标的第Ⅰ象限上的各基准点只能纵向向上、横向向右推移，坐标的第Ⅱ象限上的各基准点只能纵向向上、横向向左推移，坐标的第Ⅲ象限上的基准点只能纵向向下、横向向左推移，坐标的第Ⅳ象限上的基准点只能纵向向下、横向向右推移；缩小时方向相反。纵向公共线上的基准点只能上下方向推移，横向不推移；横向公共线上的基准点只能左右方向推移，纵向不推移，如图 2—3 所示。

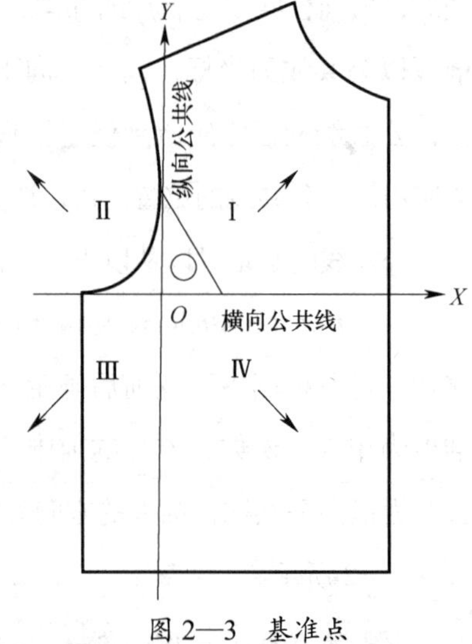

图 2—3　基准点

3. 绘制各档推板图

各基准点推板后，将每个规格所对应的点，根据结构制图的要求，用直线、曲线、弧线进行连接，连接后各规格的外形要保持不变。制图的顺序是先连直线，后画曲线、弧线；先画外轮廓线，后画内部结构线，包括分割线、袋位、省裥位、扣眼位等。对于均匀的规格档差，推板后各线条的间距也应该是均匀的。

4. 校正各裁片的组合关系

一个服装的各个裁片是由标准样板推板得来的，推板后必须校正各裁片之间的组合关系。校正时，只需校正整个规格系列最大及最小两个规格，如果最大、最小规格各裁片的组合关系正确，中间规格肯定在允许的极限偏差范围之内，不需要再校正。

复合校正的内容包括：

（1）各规格裁片、零部件是否有遗漏。

（2）各部位的组合关系是否符合要求，特别要注意的是领圈与领子、袖窿与袖片的规格和吃势、里外匀等要求；组合后弧线部分是否圆顺，不能出现凹角、凸角现象。

（3）最大、最小规格都已包括了缩率，是否超出允许的极限偏差范围。当需要推板的规格号型比较多时，可以采用分段推板，以减少规格误差。

三、推板的方法

服装样板的推板方法有很多，主要有：

1. 总图推板法

总图推板法是将标准样板的各个裁片画在图纸上，在同一张图纸上采用中号样板两边推板或小号样板扩号的方法画出各个号型规格的轮廓图，接着用点线器将各个号型规格的推板图复制到样板纸上制作成样板，并在每块样板上做出各标记，供裁剪部门使用。这种推板方法的优点是便于复核校正，推板图能留档备用及修改变化；缺点是不能直接画在样板纸上，多了一道程序。

2. 样板推拉法

样板推拉法是根据需要推板的号型规格数，准备数块样板纸，将标准样板覆盖在上面，根据长度及宽度的档差分别理齐每一块样板，直接剪出各个号型规格样板的外轮廓，直线部位可用刀片切割，弧线部位可按标准样板绘制，在需要对位的部分剪出眼刀。这种

推板方法一般为小号样板扩号，将其他各号型规格样板一次剪出，大大缩短了制板时间，但样板不容易保存和修改，并有一定的误差。

3. 计算机推板法

计算机推板法是使用计算机的服装系统，在计算机上通过设置档差尺寸表和缩放规则表将用户所需尺码的衣片推放出来，系统还可以对样片系统中绘制好的衣片进行缩放。服装系统还提供了加缝边、推板率、对称、核对等衣片处理功能，最后可以通过绘图仪、裁剪机等设备输出纸样或进行裁剪。用计算机辅助纸样缩放操作，不仅可使绘制的图样准确、线条流畅，而且可大大提高工作效率。计算机推板法目前已在各服装企业广泛应用，需要清楚的是使用计算机推板也必须有一定的推板实践经验。

第二节　推板的计算

一、推板档差的依据是比例裁剪计算公式，与加减定数无关

例如，四开身上衣 5·4 系列推板，前衣片设定胸宽线为纵向公共线，胸围线为横向公共线，长度档差为 2 cm，颈肩点扩号时每档向上 0.7 cm，则底边线每档向下 1.3 cm；宽度档差前片为 1 cm，前中心线扩号时每档向右 0.6 cm，则侧缝每档向右 0.4 cm。上下、左右根据比例进行分配，总量不变。前胸宽如使用 0.15B+3 公式计算，每扩大一个号型时，其档差为：

$(0.15B_2+3)-(0.15B_1+3)=(0.15B_3+3)-(0.15B_2+3)=(0.15B_4+3)-(0.15B_3+3)=\cdots\cdots$

即 $0.15(B_2-B_1)=0.15(B_3-B_2)=0.15(B_4-B_3)=\cdots\cdots$

其中 (B_2-B_1)、(B_3-B_2)、(B_4-B_3) 就是胸围规格档差，即胸宽的档差为 1.5 ÷ 10 × 4 ＝ 0.6 cm，与比例裁剪计算公式中的加减定数无关，如图 2—4 所示。

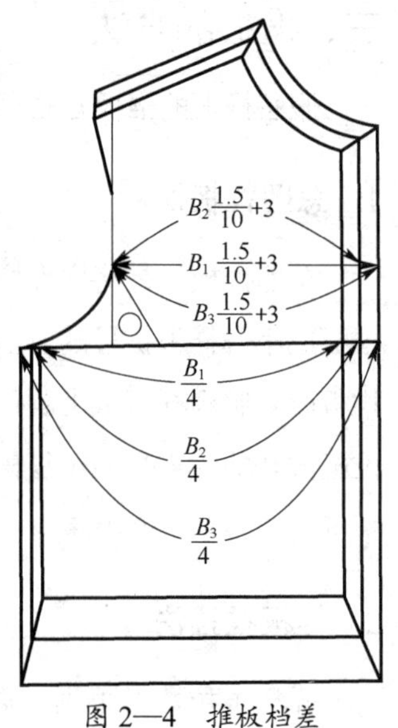

图 2—4　推板档差

二、在允许的误差范围内，简化比例裁剪的计算公式便于推板计算

例如，三开身上衣按5·4系列推板时，前衣片胸围计算公式为$B/3$−定数，后衣片（一半）胸围计算公式为$B/6$+定数，这样前衣片胸围的档差为$B/3\times4$=1.4 cm，不易操作，通常前衣片胸围按（3.5/10）B来计算，档差为1.4 cm，后衣片胸围按（1.5/10）B来计算，档差为0.6 cm。又如西裤的前裆宽计算公式为（0.4/10）H，按5·4系列推板时，臀围的档差为3.2 cm，则前裆宽的档差是$0.4\div10\times3.2=0.128$ cm。先将前裆宽的计算公式改为（0.5/10）H−1，则前裆宽的档差是$0.5\div10\times3.2=0.16$ cm。简化了推板的计算，并不影响样板推板的质量。

三、各基准点的推板是该点纵向和横向档差的向量和

基准点在推板时，纵向、横向都需要推板，应根据向量加减法则进行合成，即：$a+b=c$（a、b、c是带有方向的量）。各基准点在推板时有两种情况，一种是同一条直线上的两个量合成，另一种是相互垂直的两个量合成。先按5·4系列用扩号的方法计算和制图，举例如下。

1. 肩端点纵向推板

上衣前片肩端点以胸围线为横向公共线，扩号时按颈肩点每档纵向向上0.7 cm，而按落肩线每档纵向向下0.2 cm（$B/20$），两个量合成后该点最后应纵向向上0.5 cm，如图2—5所示。

2. 颈肩点横向推板

上衣前片颈肩点以胸宽线为纵向公共线，扩号时按前胸宽每档横向向右0.6 cm（0.15B），但领口宽每档应向左0.2 cm（$N/5$），两个量合成后该点最后应横向向右0.4 cm，如图2—6所示。

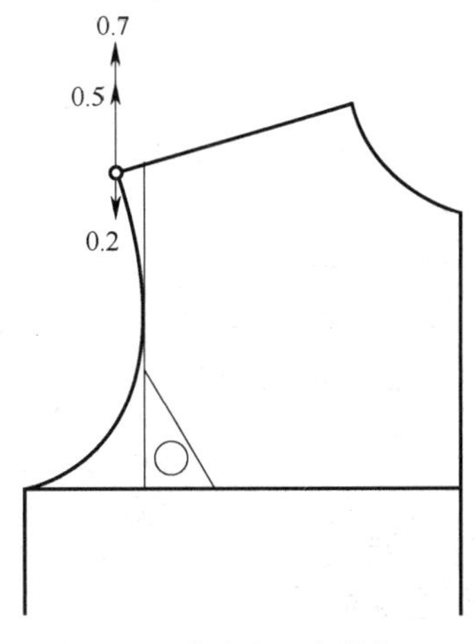

图2—5 肩端点纵向推板

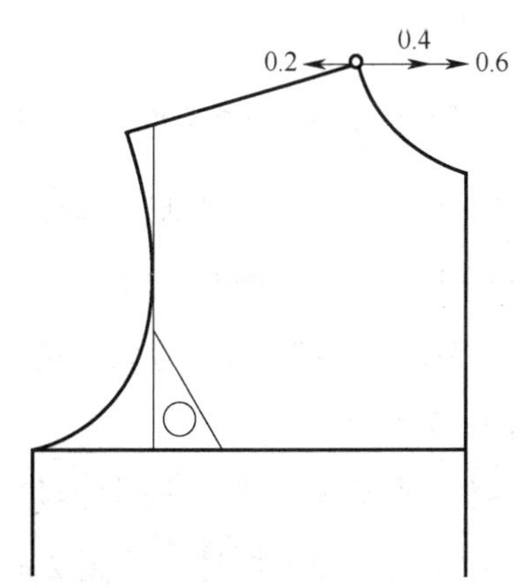

图2—6 颈肩点横向推板

3. 颈肩点纵向与横向的合成

上衣前片颈肩点以胸宽线为纵向公共线，胸围线为横向公共线，该点扩大一个号纵向向上 0.7 cm，横向向右 0.4 cm，根据向量合成的三角形法则，最后合成的大小与方向如图 2—7 所示，即扩大一个号的基准点在 A′ 的位置。

四、基准点推板制图

基准点推板制图就是该点纵向、横向档差的向量合成，确定各号型规格基准点的位置，就能绘制各号型规格的推板图。先以 5·4 系列扩号为例，说明其制图方法。

以 XS 号型上衣为标准样板，推移出 S、M、L、XL 号型颈肩点的位置。在实际操作时，把几个档差合在一起画，先在 XS 号型样板颈肩点垂直向上方向画一条线段为 4 个纵向档差，即 4 × 0.7=2.8 cm，接着水平向右画一线段为 4 个横向档差，即 4 × 0.4=1.6 cm，再将起止两点连接，在连接线上 4 等分（5 个规格 4 等分），这 5 个点就是 XS、S、M、L、XL 各档的颈肩点，如图 2—8 所示。

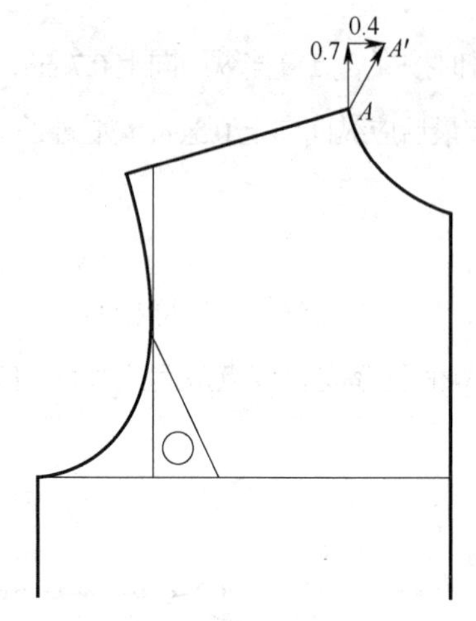

图 2—7 颈肩点纵向与横向的合成

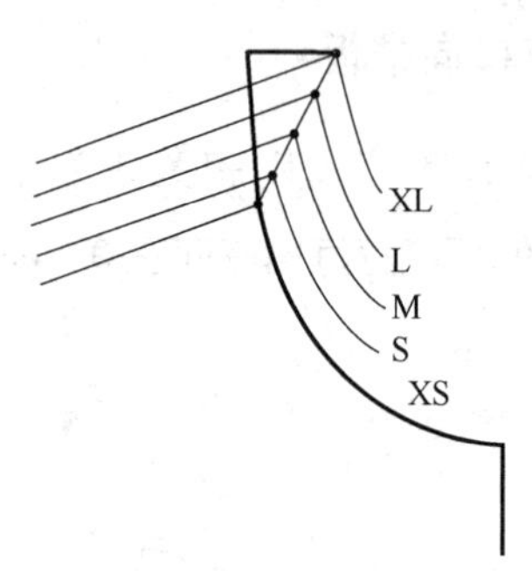

图 2—8 基准点扩号

如果是由中号（M 号）向两边推板，原理相同。纵向向上扩大 2 个号型（2 个纵向档差），向下缩小 2 个号型；横向向右扩大 2 个号型，向左缩小 2 个号型，连接等分，确定 5 个基准点，如图 2—9 所示。

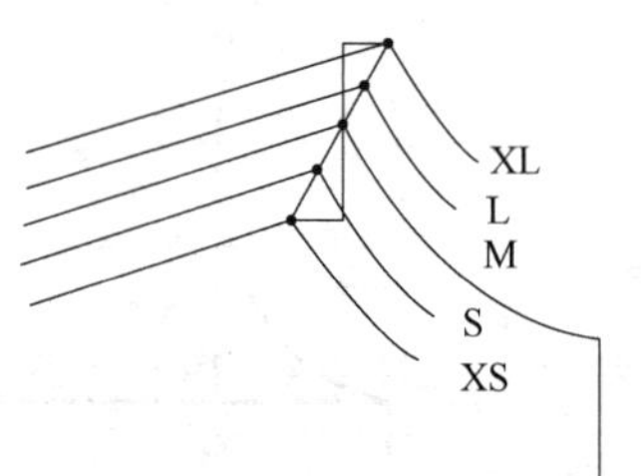

图 2—9 基准点两边缩放

如果基准点只有纵向或横向推移，另一方向不推移，制图方法如图 2—10（扩号）及图 2—11（中号两边推板）所示。

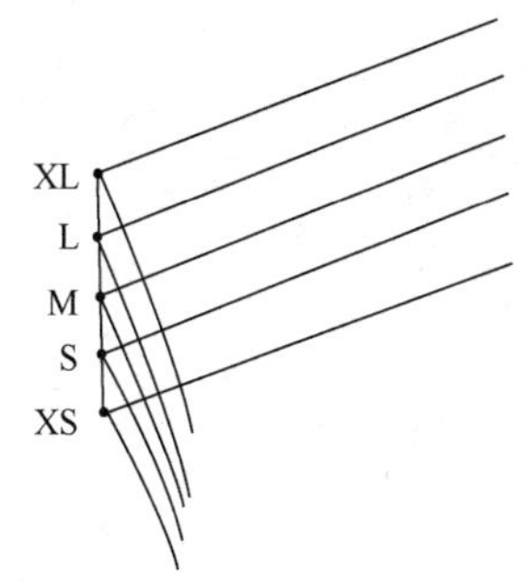

图 2—10　纵向推移，横向为 0

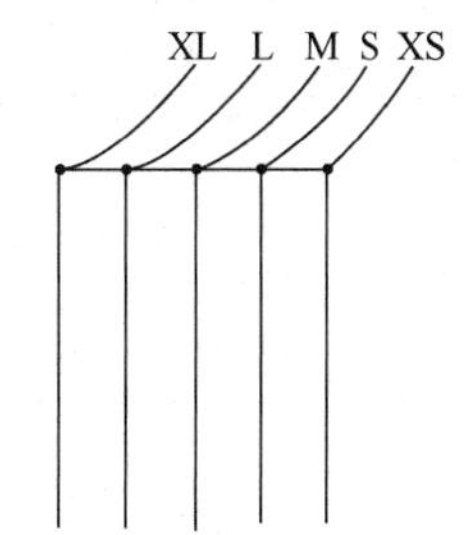

图 2—11　横向推移，纵向为 0

画各基准点推板图时应注意以下几点：

1. 各点档差只能在垂直与水平两个方向绘制，绝对不能歪斜，要始终做到先纵向、后横向。

2. 只在连接斜线上取点，采用等分再等分的方法，一般不需要尺量，凭眼睛看，所以推板的号型规格数一般取 3 档、5 档、9 档……如果是 4 档，同样可按 5 档推，多余的一档备用，可以不连接制图。

3. 确定公共线后，各基准点所在坐标的象限纵向、横向扩号方向可参考图 2—10、图 2—11。

思考与练习

1. 画男衬衫结构制图（号型 170/88A），并加推板缩率（经向 5%，纬向 3%）。

2. 将加放过缩率（经向 5%，纬向 3%）的男衬衫（号型 170/88A）结构制图制作成男衬衫样板。

3. 在加放过缩率（经向 5%，纬向 3%）的男衬衫（号型 170/88A）样板基础上，分别制作工业生产要求的定型样板、定位样板和定量样板。

第三章

裙子制板与推板

服装品类中的裙子款式丰富多变，是女性美化自身的重要款型之一。本章介绍直裙、斜裙、裙裤、拼接时装裙、多折褶时装裙等不同款式裙子的推板方法。

学习目标

1. 熟悉裙子的结构组合特征。
2. 掌握裙子主要控制部位的档差规格，理清每一个裁片控制部位的横向、纵向档差总量。
3. 能够找准本章所介绍的不同款式裙子的横向、纵向公共线。
4. 掌握本章所介绍的不同款式裙子的前后片推板计算方法及根据。
5. 掌握本章所介绍的不同款式裙子的前后片推板图画法。

第一节　直　　裙

一、直裙款式说明、成品规格及结构制图

1. 直裙款式说明（见表3—1）

表3—1　直裙款式说明

款式图	款式说明
	前后片裙腰口各收四个省，后裙片中心线分割拼接，上端装拉链，下摆开衩

2. 直裙成品规格（见表3—2）

表3—2　直裙成品规格　　单位：cm

号型	部位	裙长	腰围	臀围	臀长
165/66A	规格	62.5	66	96	18

3. 直裙结构制图（见图3—1）

二、直裙推板

1. 直裙推板规格（见表3—3）

表3—3　直裙推板规格　　单位：cm

号型 规格 部位	155/58	160/62	165/66	170/70	175/74	档差
腰围	58	62	66	70	74	4
臀围	88	92	96	100	104	4
裙长	57.5	60	62.5	65	67.5	2.5

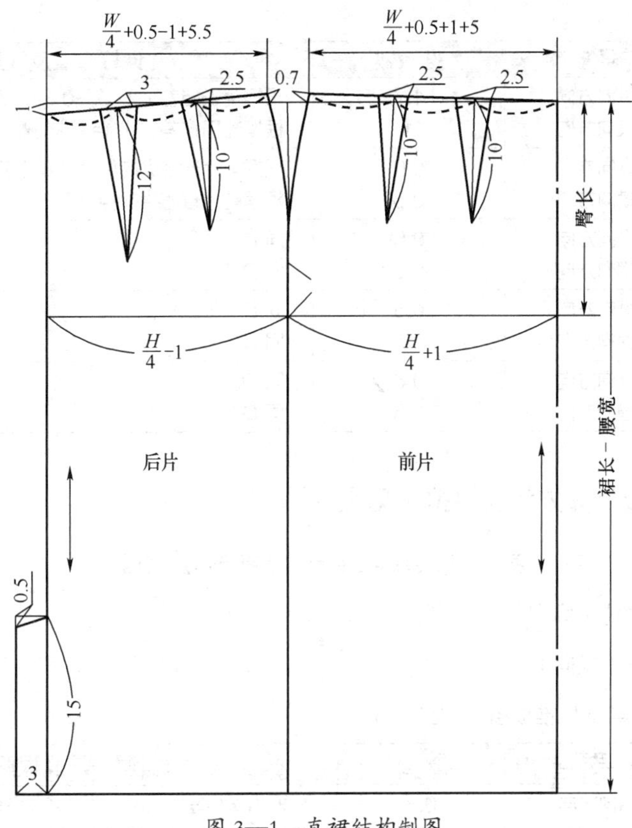

图 3—1　直裙结构制图

2. 直裙前片推板计算方法及根据（见表 3—4）

表 3—4　直裙前片推板计算方法及根据

公共线：前中心线（纵向）

臀围线（横向）

坐标原点：*B* 点（见推板图 3—2）　　　　单位：cm

部位代号	扩号方向	推板数	计算方法及根据
A	纵向方向 横向方向	0.8 0	根据裙长档差（2.5）−1.7=0.8 来分配
A_1	纵向方向 横向方向	0.8 1	根据裙长档差（2.5）−1.7=0.8 来分配 根据腰围档差的 1/4=1 来分配
B	纵向方向 横向方向	0 0	
B_1	纵向方向 横向方向	0 1	 根据臀围档差的 1/4=1 来分配
C	纵向方向 横向方向	1.7 0	根据裙长档差（2.5）−0.8=1.7 来分配

续表

部位代号	扩号方向	推板数	计算方法及根据
C_1	纵向方向 横向方向	1.7 1	根据裙长档差（2.5）−0.8=1.7 来分配 根据臀围档差的 1/4=1 来分配
D	纵向方向 横向方向	0.6 0.5	根据前片省道纵向档差 0.6 来分配 根据前片省道横向档差 0.5 来分配
D_1	纵向方向 横向方向	0.6 0.5	同 D 同 D
E	纵向方向 横向方向	0.6 0.5	同 D 同 D
E_1	纵向方向 横向方向	0.6 0.5	同 D 同 D

3. 直裙后片推板计算方法及根据（见表 3—5）

表 3—5　直裙后片推板计算方法及根据

公共线：后中心线（纵向）

臀围线（横向）

坐标原点：B_3 点（见推板图 3—2）　　单位：cm

部位代号	扩号方向	推板数	计算方法及根据
A_2	纵向方向 横向方向	0.8 1	根据裙长档差（2.5）−1.7=0.8 来分配 根据腰围档差的 1/4=1 来分配
A_3	纵向方向 横向方向	0.8 0	根据裙长档差（2.5）−1.7=0.8 来分配
B_2	纵向方向 横向方向	0 1	 根据臀围档差的 1/4=1 来分配
B_3	纵向方向 横向方向	0 0	
C_2	纵向方向 横向方向	1.7 1	根据裙长档差（2.5）−0.8=1.7 来分配 根据臀围档差的 1/4=1 来分配
C_3	纵向方向 横向方向	1.7 0	根据裙长档差（2.5）−0.8=1.7 来分配
F	纵向方向 横向方向	0.6 0.5	根据后片省道纵向档差（0.6）来分配 根据后片省道横向档差（0.5）来分配
F_1	纵向方向 横向方向	0.6 0.5	同 F 同 F
G	纵向方向 横向方向	0.6 0.5	同 F 同 F
G_1	纵向方向 横向方向	0.6 0.5	同 F 同 F
H	纵向方向 横向方向	4 0	根据腰围档差（4）来分配

4. 直裙推板图（见图 3—2）

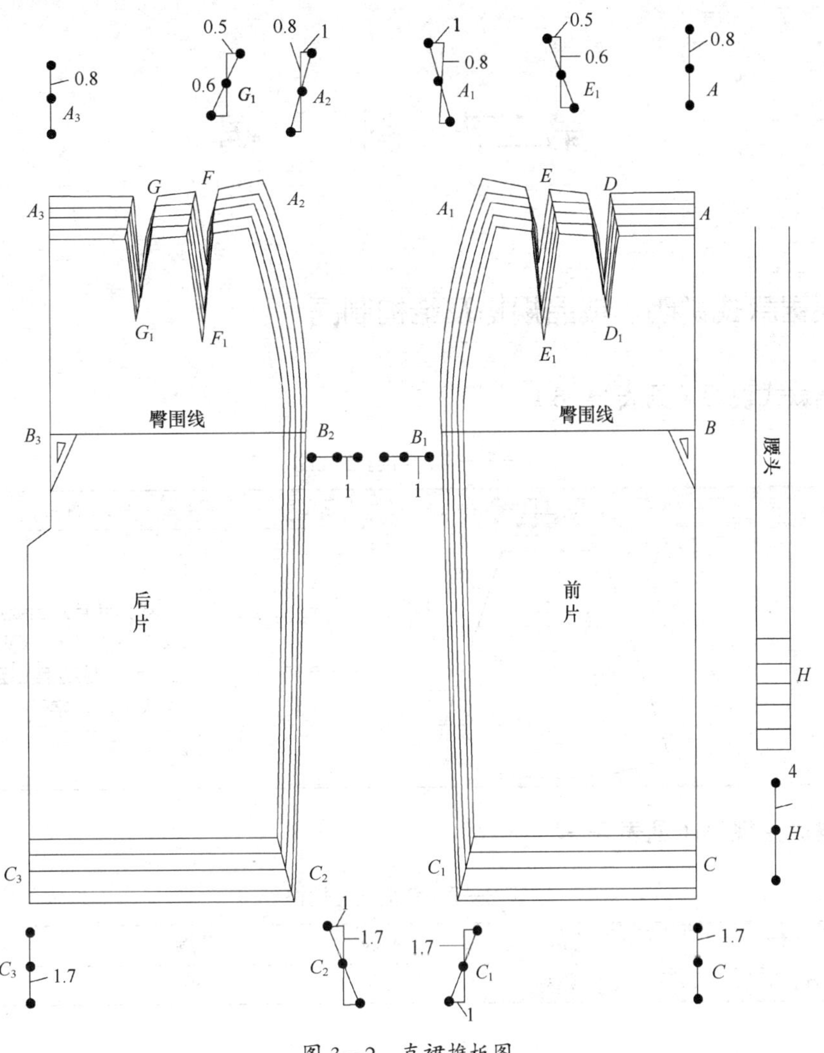

图 3—2　直裙推板图

重点提示

1. 注意省在大、中、小号的位置。
2. 连线时注意线条圆顺。
3. 样板缩放之后要检查各号型之间的档差。

第二节 斜 裙

一、斜裙款式说明、成品规格及结构制图

1. 斜裙款式说明（见表3—6）

表3—6 斜裙款式说明

款式图	款式说明
	裙为两片式的裁片结构，裙长至膝盖以上，臀围的放松量略大，侧缝从腰口至下摆逐渐扩大，呈A字形

2. 斜裙成品规格（见表3—7）

表3—7 斜裙成品规格 单位：cm

号型	部位	裙长	腰围	臀围
165/66A	规格	56	68	100

3. 斜裙结构制图（见图3—3）

二、斜裙推板

1. 斜裙推板规格（见表3—8）

表3—8 斜裙推板规格 单位：cm

部位 \ 规格 \ 号型	155/58	160/62	165/66	170/70	175/74	档差
裙长	50	53	56	59	62	3
腰围	60	64	68	72	76	4
臀围	92	96	100	104	108	4

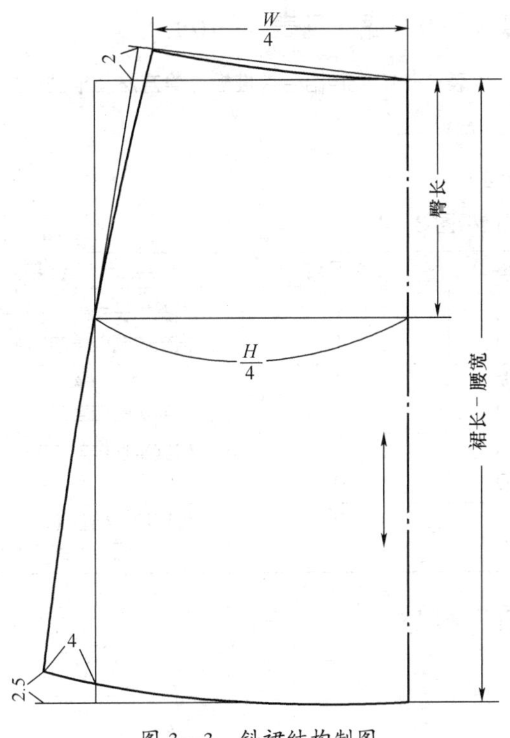

图 3—3　斜裙结构制图

2. 斜裙前片推板计算方法及根据（见表 3—9）

表 3—9　斜裙前片推板计算方法及根据

公共线：前中心线（纵向）

臀围线（横向）

坐标原点：*O* 点（见推板图 3—4）　　单位：cm

部位代号	扩号方向	推板数	计算方法及根据
A	纵向方向 横向方向	1 0	根据裙长档差（3）−2=1 来分配
B	纵向方向 横向方向	1 1	根据裙长档差（3）−2=1 来分配 根据臀围档差的 1/4=1 来分配
C	纵向方向 横向方向	0 1	根据臀围档差的 1/4=1 来分配
D	纵向方向 横向方向	2 0	根据裙长档差（3）−1=2 来分配
E	纵向方向 横向方向	2 1	根据裙长档差（3）−1=2 来分配 根据臀围档差的 1/4=1 来分配
F	纵向方向 横向方向	4 0	根据腰围档差（4）来分配

3. 斜裙后片推板计算方法及根据（见表 3—10）

表 3—10 斜裙后片推板计算方法及根据

公共线：后中心线（纵向）

臀围线（横向）

坐标原点：*O* 点（见推板图 3—4） 单位：cm

部位代号	扩号方向	推板数	计算方法及根据
H	纵向方向 横向方向	1 1	根据裙长档差（3）−2=1 来分配 根据腰围档差的 1/4=1 来分配
I	纵向方向 横向方向	0 1	 根据臀围档差的 1/4=1 来分配
J	纵向方向 横向方向	2 0	根据裙长档差（3）−1=2 来分配
K	纵向方向 横向方向	2 1	根据裙长档差（3）−1=2 来分配 根据臀围档差的 1/4=1 来分配

4. 斜裙推板图（见图 3—4）

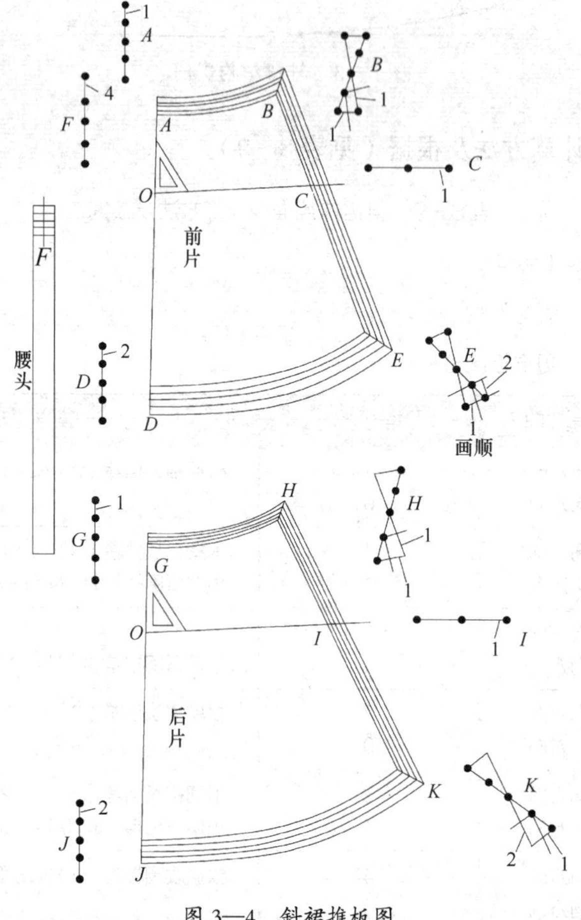

图 3—4 斜裙推板图

重点提示

1. 连线时注意线条圆顺。
2. 样板缩放之后要检查各号型之间的档差。

第三节　裙　　裤

一、裙裤款式说明、成品规格及结构制图

1. 裙裤款式说明（见表3—11）

表3—11　裙裤款式说明

款式图	款式说明
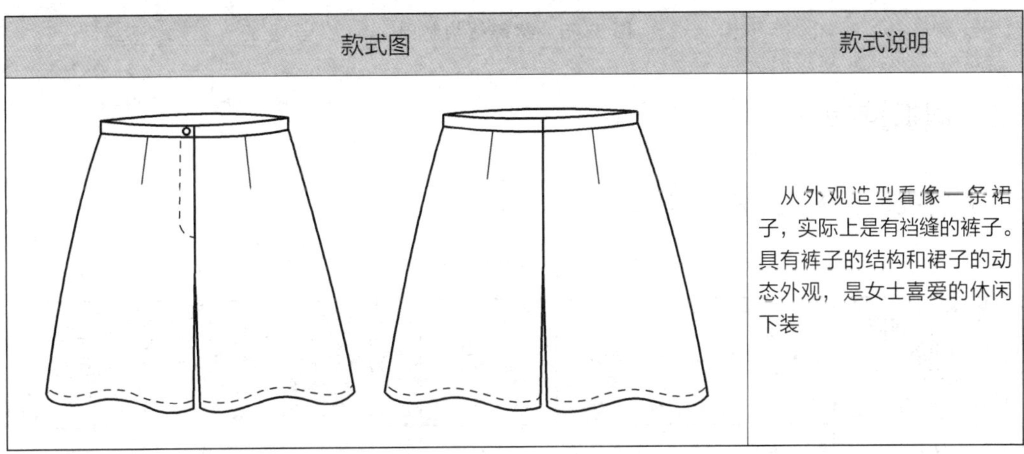	从外观造型看像一条裙子，实际上是有裆缝的裤子。具有裤子的结构和裙子的动态外观，是女士喜爱的休闲下装

2. 裙裤成品规格（见表3—12）

表3—12　裙裤成品规格　　单位：cm

号型	部位	裙长	腰围	臀围
165/66A	规格	64	68	100

3. 裙裤结构制图（见图 3—5）

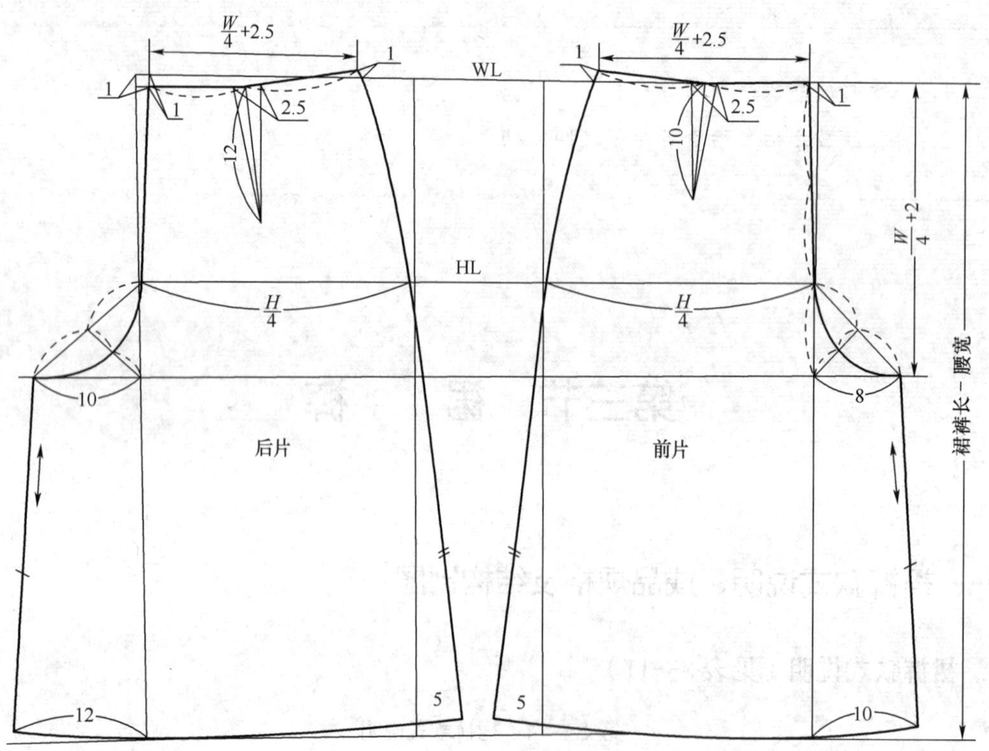

图 3—5 裙裤结构制图

二、裙裤推板

1. 裙裤推板规格（见表 3—13）

表 3—13 裙裤推板规格 单位：cm

部位 \ 规格 \ 号型	155/58	160/62	165/66	170/70	175/74	档差
裙长	58	61	64	67	70	3
腰围	60	64	68	72	76	4
臀围	92	96	100	104	108	4
下摆围	156	160	164	168	172	4
上裆	17	18	19	20	21	1

2. 裙裤前片推板计算方法及根据（见表3—14）

表3—14 裙裤前片推板计算方法及根据

公共线：前门襟线（纵向）

横裆线（横向）

坐标原点：O点（见推板图3—6） 单位：cm

部位代号	扩号方向	推板数	计算方法及根据
A	纵向方向 横向方向	1 0	根据上裆档差（1）来分配
B	纵向方向 横向方向	0.3 0	根据上裆档差/3=0.3来分配
C	纵向方向 横向方向	0 0	
D	纵向方向 横向方向	2 0	根据裙长档差－上裆档差=2来分配
E	纵向方向 横向方向	1 1	同A 根据腰围档差/4=1来分配
F	纵向方向 横向方向	0.3 1	同B 根据臀围档差/4=1来分配
G	纵向方向 横向方向	1 0	同E
H	纵向方向 横向方向	2 1	同D 根据下摆围档差/4=1来分配

3. 裙裤后片推板计算方法及根据（见表3—15）

表3—15 裙裤后片推板计算方法及根据

公共线：后裆缝线（纵向）

横裆线（横向）

坐标原点：O点（见推板图3—6） 单位：cm

部位代号	扩号方向	推板数	计算方法及根据
A	纵向方向 横向方向	1 0	根据上裆档差（1）来分配
B	纵向方向 横向方向	0.3 0	根据上裆档差/3=0.3来分配

续表

部位代号	扩号方向	推板数	计算方法及根据
C	纵向方向 横向方向	0 0	
D	纵向方向 横向方向	2 0	根据裙长档差－上裆档差 =2 来分配
E	纵向方向 横向方向	1 1	同 *A* 根据腰围档差 /4=1 来分配
F	纵向方向 横向方向	0.3 1	同 *B* 根据臀围档差 /4=1 来分配
G	纵向方向 横向方向	1 0	同 *E*
H	纵向方向 横向方向	2 1	同 *D* 根据下摆围档差 /4=1 来分配

4. 裙裤推板图（见图 3—6）

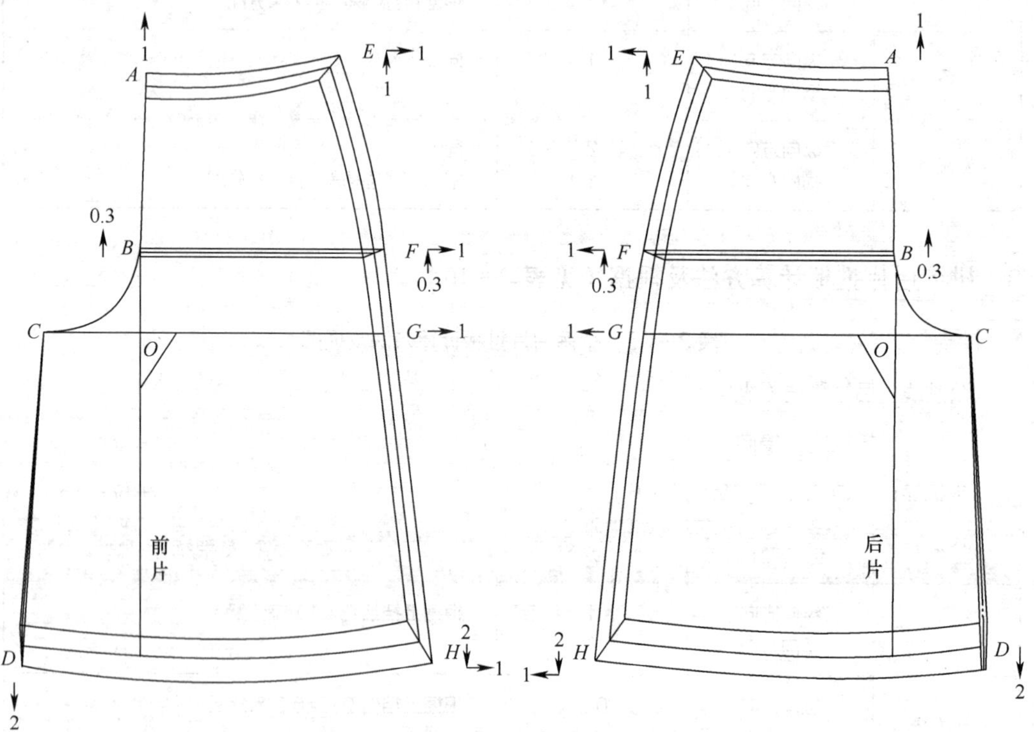

图 3—6 裙裤推板图

重点提示

1. 注意省在大、中、小号的位置。
2. 连线时注意线条圆顺。
3. 样板缩放之后要检查各号型之间的档差。

第四节　拼接时装裙

一、拼接时装裙款式说明、成品规格及结构制图

1. 拼接时装裙款式说明（见表3—16）

表3—16　拼接时装裙款式说明

款式图	款式说明
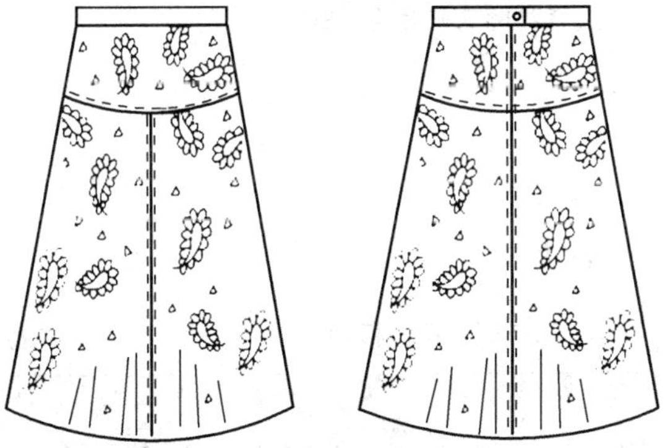	裙腰口至臀围做育克式分割，育克以下为四片式的裁片结构，后中装拉链，裙摆略大并起波浪

2. 拼接时装裙成品规格（见表3—17）

表3—17　拼接时装裙成品规格　　单位：cm

号型	部位	裙长	腰围	臀围
165/66A	规格	56	68	100

3. **拼接时装裙结构制图（见图3—7）**

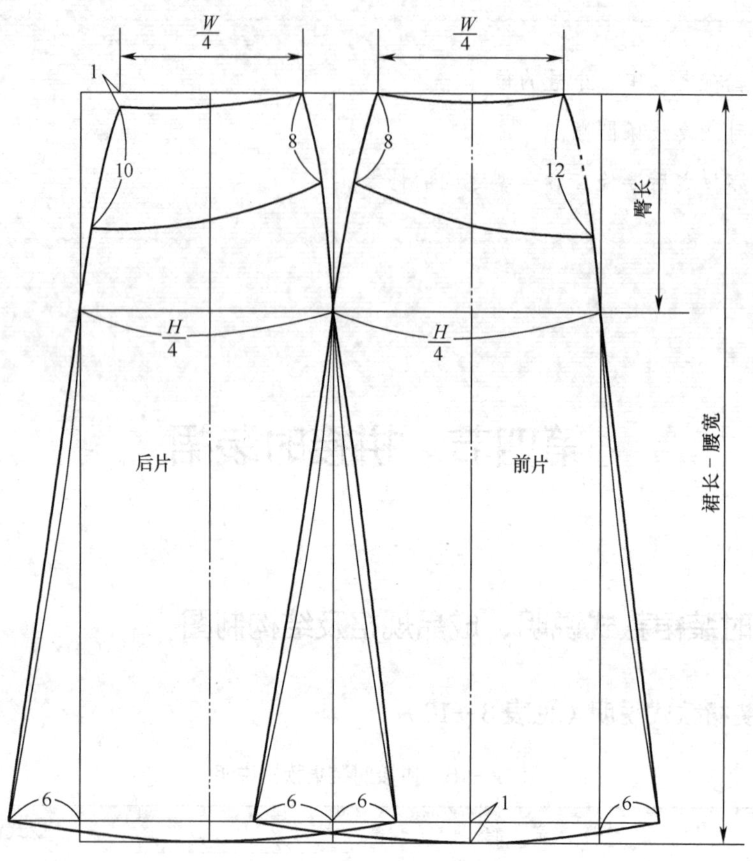

图3—7　拼接时装裙结构制图

二、拼接时装裙推板

1. **拼接时装裙推板规格（见表3—18）**

表3—18　拼接时装裙推板规格　　单位：cm

部位＼规格＼号型	155/58	160/62	165/66	170/70	175/74	档差
裙长	50	53	56	59	62	3
腰围	60	64	68	72	76	4
臀围	92	96	100	104	108	4

2. 拼接时装裙前育克、前片推板计算方法及根据（见表 3—19）

表 3—19 拼接时装裙前育克、前片推板计算方法及根据

公共线：中心线（纵向）

腰口线和分割线（横向）

坐标原点：三角板（见推板图 3—8） 单位：cm

部位代号	扩号方向	推板数	计算方法及根据
A	纵向方向 横向方向	0 0.5	 根据 1/4 腰围档差的一半 =0.5 来分配
B	纵向方向 横向方向	0 0.5	 根据 1/4 臀围档差的一半 =0.5 来分配
C	纵向方向 横向方向	0 0.5	 根据 1/4 腰围档差的一半 =0.5 来分配
D	纵向方向 横向方向	0 0.5	 根据 1/4 臀围档差的一半 =0.5 来分配
E	纵向方向 横向方向	0 0.5	 根据 1/4 臀围档差的一半 =0.5 来分配
F	纵向方向 横向方向	0 0.5	 根据 1/4 臀围档差的一半 =0.5 来分配
G	纵向方向 横向方向	3 0.5	根据裙长档差（3）来分配 根据 1/4 臀围档差的一半 =0.5 来分配
H	纵向方向 横向方向	3 0.5	根据裙长档差（3）来分配 根据 1/4 臀围档差的一半 =0.5 来分配

3. 拼接时装裙后育克、后片推板计算方法及根据（见表 3—20）

表 3—20 拼接时装裙后育克、后片推板计算方法及根据

公共线：中心线（纵向）

腰口线（横向）

坐标原点：三角板（见推板图 3—8） 单位：cm

部位代号	扩号方向	推板数	计算方法及根据
A	纵向方向 横向方向	0 0.5	 根据 1/4 腰围档差的一半 =0.5 来分配
B	纵向方向 横向方向	0 0.5	 根据 1/4 臀围档差的一半 =0.5 来分配
C	纵向方向 横向方向	0 0.5	 根据 1/4 腰围档差的一半 =0.5 来分配
D	纵向方向 横向方向	0 0.5	 根据 1/4 臀围档差的一半 =0.5 来分配
E	纵向方向 横向方向	0 0.5	 根据 1/4 臀围档差的一半 =0.5 来分配

续表

部位代号	扩号方向	推板数	计算方法及根据
F	纵向方向 横向方向	0 0.5	 根据 1/4 臀围档差的一半 =0.5 来分配
G	纵向方向 横向方向	3 0.5	根据裙长档差（3）来分配 根据 1/4 臀围档差的一半 =0.5 来分配
H	纵向方向 横向方向	3 0.5	根据裙长档差（3）来分配 根据 1/4 臀围档差的一半 =0.5 来分配

4. 拼接时装裙推板图（见图 3—8）

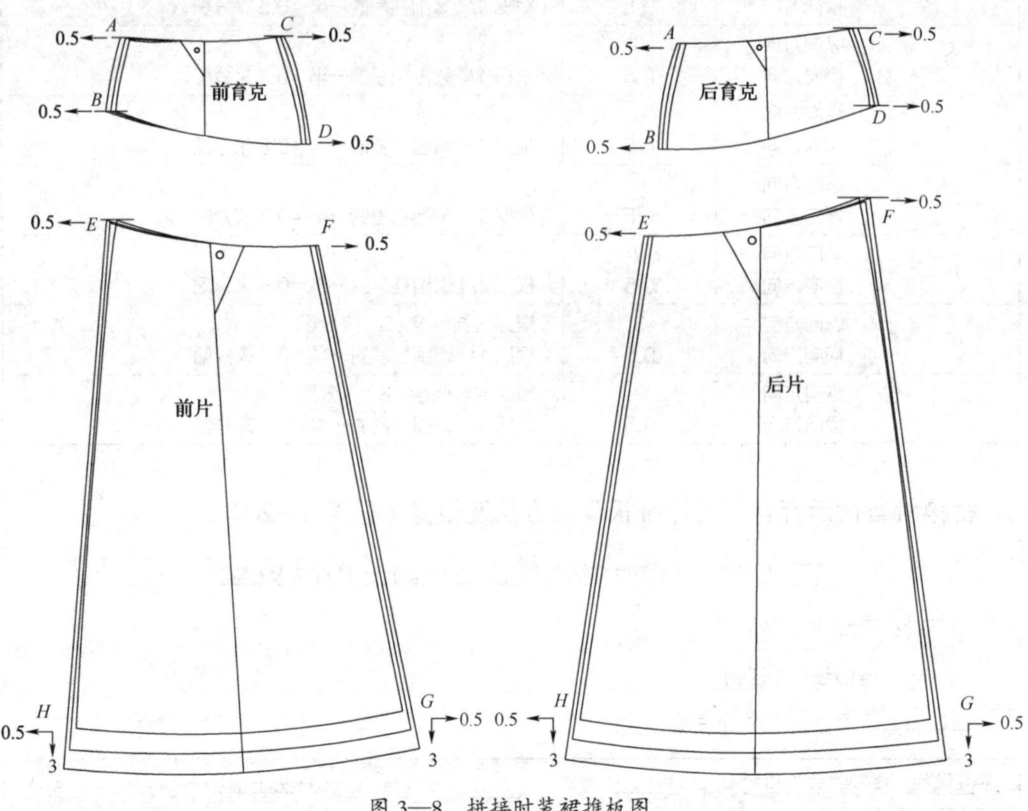

图 3—8 拼接时装裙推板图

重点提示

1. 注意育克线的缩放。
2. 连线时注意线条圆顺。
3. 样板缩放之后要检查各号型之间的档差。

第五节　多折褶时装裙

一、多折褶时装裙款式说明、成品规格及结构制图

1. 多折褶时装裙款式说明（见表 3—21）

表 3—21　多折褶时装裙款式说明

款式图	款式说明
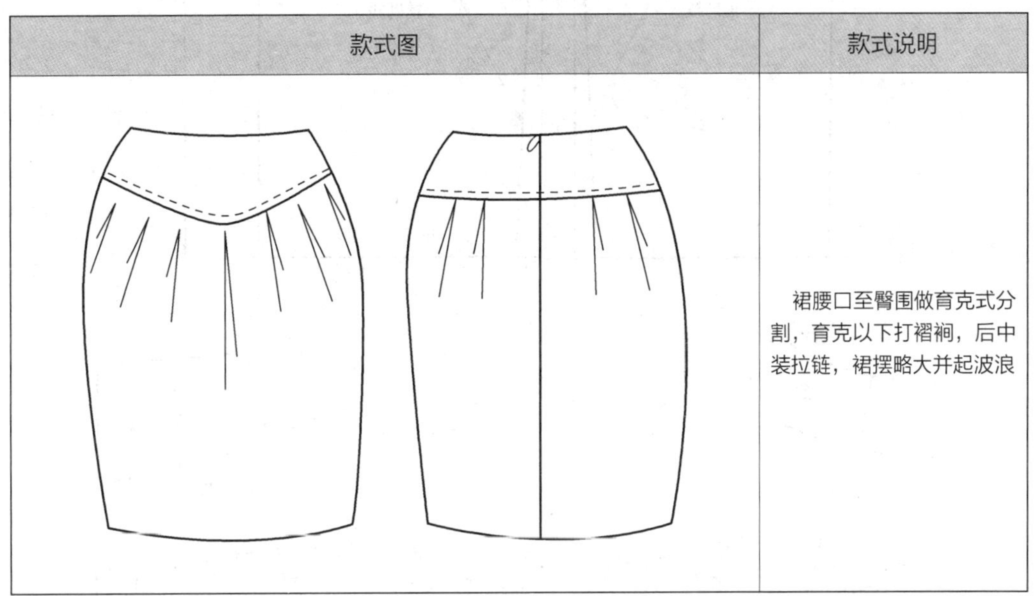	裙腰口至臀围做育克式分割，育克以下打褶裥，后中装拉链，裙摆略大并起波浪

2. 多折褶时装裙成品规格（见表 3—22）

表 3—22　多折褶时装裙成品规格　　单位：cm

号型	部位	裙长	腰围	臀围
155/62A	规格	49	64	92

3. 多折裥时装裙结构制图（见图 3—9）

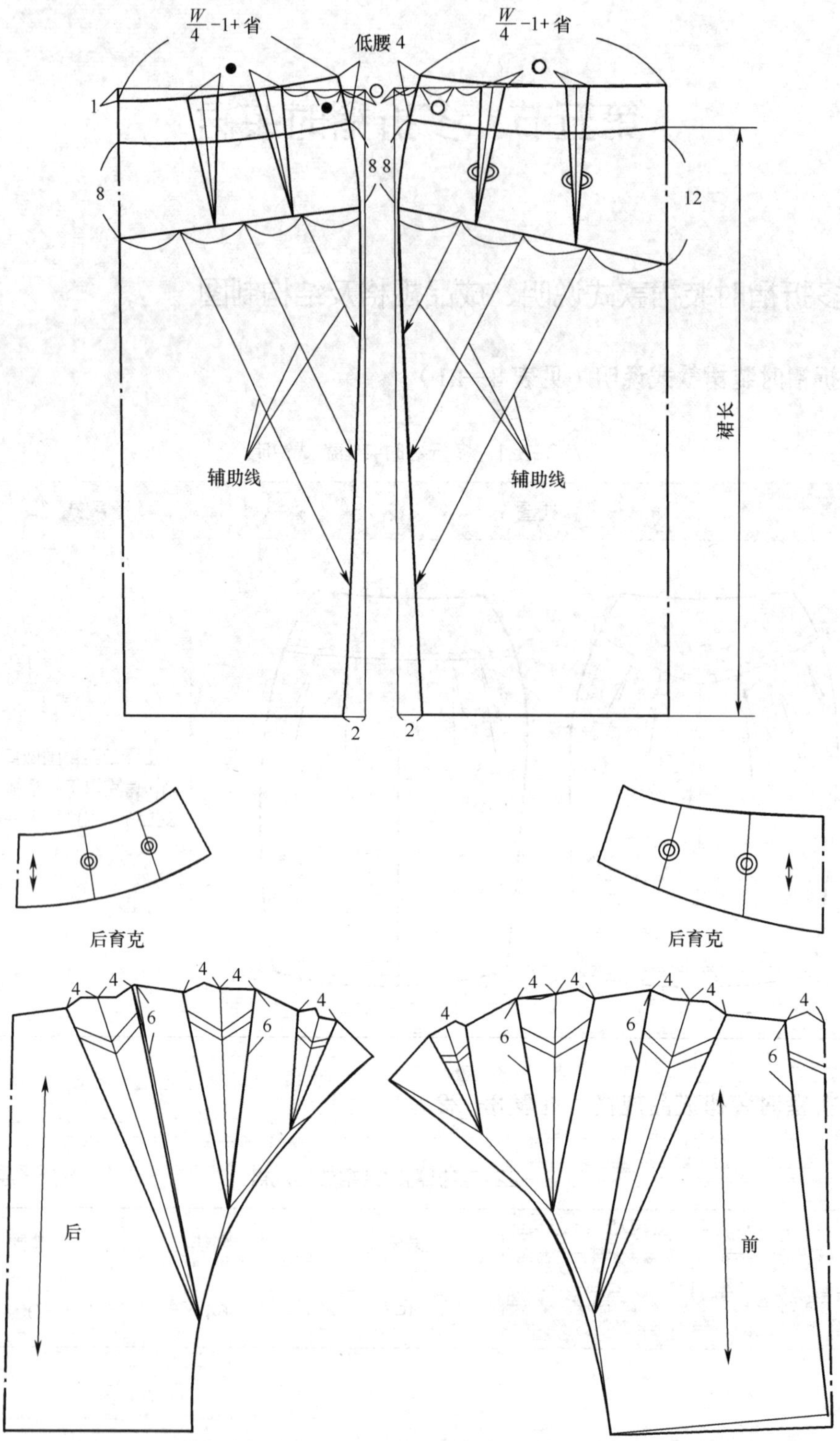

图 3—9　多折裥时装裙结构制图

二、多折褶时装裙推板

1. 多折褶时装裙推板规格（见表3—23）

表3—23　多折褶时装裙推板规格　　单位：cm

号型/规格/部位	155/62	160/66	165/70	档差
裙长	49	52	55	3
腰围	64	68	72	4
臀围	92	96	100	4

2. 多折褶时装裙前后育克、前后片推板图

前育克公共线：中心线（纵向）　腰口线（横向）

前片公共线：中心线（纵向）　腰口线和分割线（横向）

后育克公共线：中心线（纵向）　腰口线（横向）

后片公共线：中心线（纵向）　腰口线和分割线（横向）

坐标原点：三角板（见推板图3—10）

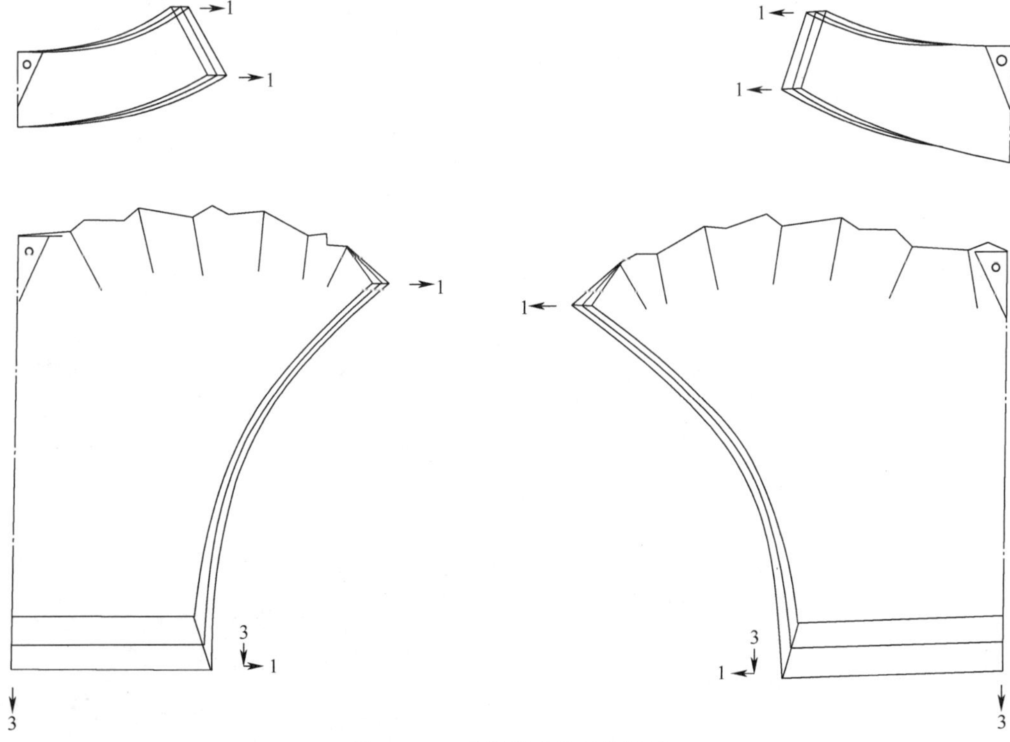

图3—10　多折褶时装裙推板图

重点提示

1. 注意育克线的缩放。
2. 连线时注意线条圆顺。
3. 样板缩放之后要检查各号型之间的档差。

思考与练习

1. 画出本章所介绍直裙的推板图（1∶1 大图或 1∶5 小图）。
2. 画出本章所介绍斜裙的推板图（1∶1 大图或 1∶5 小图）。
3. 画出本章所介绍裙裤的推板图（1∶1 大图或 1∶5 小图）。
4. 画出本章所介绍拼接时装裙的推板图（1∶1 大图或 1∶5 小图）。
5. 画出本章所介绍多折裥时装裙的推板图（1∶1 大图或 1∶5 小图）。

第四章
裤子制板与推板

裤子是服装品类的重要组成部分，是日常生活中穿着最普遍的款型之一。本章介绍女西裤、男西裤、休闲裤、哈伦裤等不同款式裤子的推板方法。

学习目标

1. 熟悉裤子的结构组合特征。
2. 掌握裤子主要控制部位的档差规格，理清每一个裁片控制部位的横向、纵向档差总量。
3. 能够找准本章所介绍的不同款式裤子的横向、纵向公共线。
4. 掌握本章所介绍的不同款式裤子的前后片推板计算方法及根据。
5. 掌握本章所介绍的不同款式裤子的前后片推板图画法。

第一节　女　西　裤

一、女西裤款式说明、成品规格及结构制图

1. 女西裤款式说明（见表 4—1）

表 4—1　女西裤款式说明

款式图	款式说明
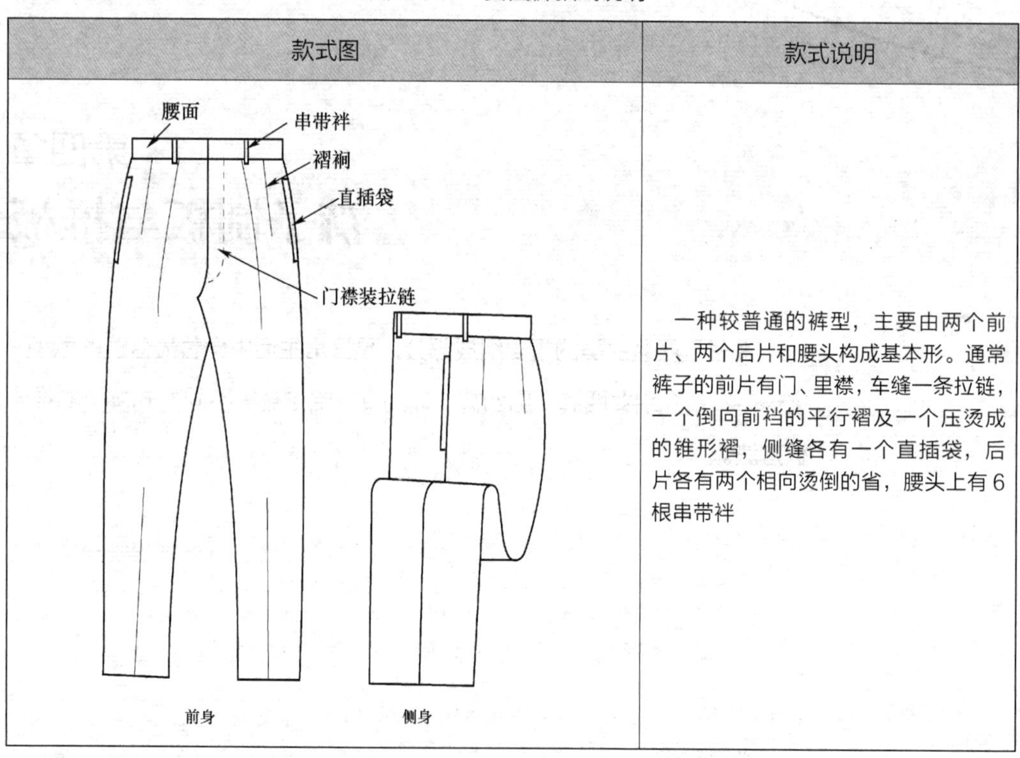	一种较普通的裤型，主要由两个前片、两个后片和腰头构成基本形。通常裤子的前片有门、里襟，车缝一条拉链，一个倒向前裆的平行褶及一个压烫成的锥形褶，侧缝各有一个直插袋，后片各有两个相向烫倒的省，腰头上有 6 根串带袢

2.　女西裤成品规格（见表 4—2）

表 4—2　女西裤成品规格　　单位：cm

号型	部位	裤长	腰围	臀围	脚口
160/68A	规格	98	70	100	20

3. 女西裤结构制图（见图 4—1）

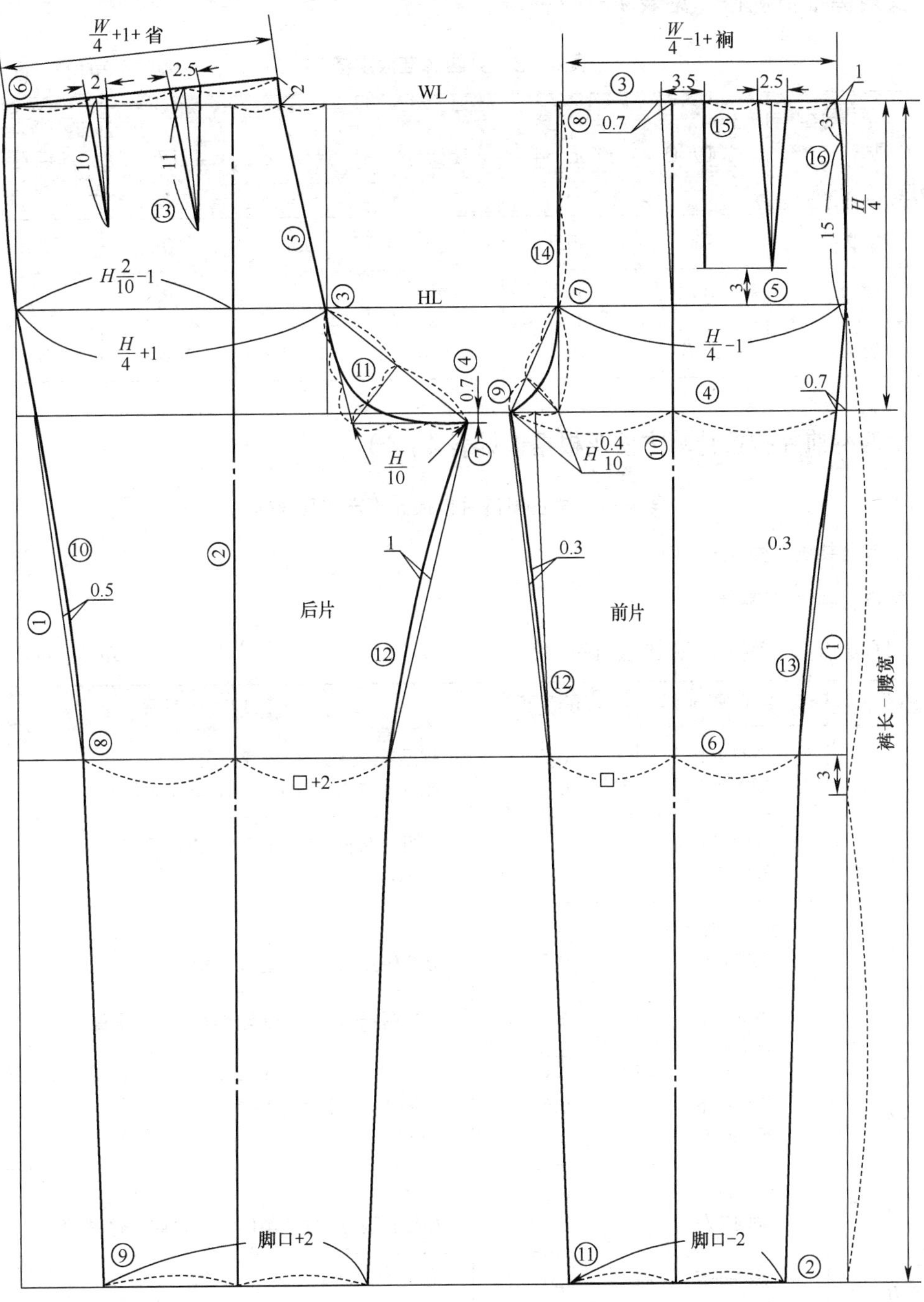

图 4—1　女西裤结构制图

二、女西裤推板

1. 女西裤推板规格（见表 4—3）

表 4—3 女西裤推板规格

单位：cm

部位 \ 规格 \ 号型	150/60	155/64	160/68	165/72	170/76	档差
裤长	93	95.5	98	100.5	103	2.5
腰围	62	66	70	74	78	4
臀围	93.6	96.8	100	103.2	106.4	3.2

2. 女西裤前片推板计算方法及根据（见表 4—4）

表 4—4 女西裤前片推板计算方法及根据

纵向公共线：烫迹线

横向公共线：横裆线

坐标原点：三角板（见推板图 4—2）

单位：cm

部位代号	扩号方向	推板数	计算方法及根据
A	纵向向上 横向向右	0.8 0.6	根据臀围档差的 1/4 来分配 根据（腰围档差 /4）×（3/5）来分配
B	纵向向上 横向向右	0.26 0.6	根据 A 纵向档差（0.8）/3 来分配 同 A
C	纵向不推移 横向向右	0 0.5	按臀侧弧线以 B 略进 0.1 来分配
D	纵向向下 横向向右	1.7 0.5	根据裤长档差 −A 纵向档差 =1.7 来分配 同 C
E	纵向向下 横向向右	0.5 0.5	根据 1.7/3 来分配 同 C
A_1	纵向向下 横向向左	0.8 0.4	同 A 根据腰围档差的 1/4（1）−A 横向档差来分配
B_1	纵向向下 横向向左	0.26 0.4	同 B 同 A_1
C_1	纵向不推移 横向向左	0 0.5	同 C

续表

部位代号	扩号方向	推板数	计算方法及根据
D_1	纵向向下 横向向左	1.7 0.5	同 D 同 C_1
E_1	纵向向下 横向向左	0.5 0.5	同 E 同 C_1

3. 女西裤后片推板计算方法及根据（见表 4—5）

表 4—5　女西裤后片推板计算方法及根据

纵向公共线：烫迹线

横向公共线：横裆线

坐标原点：三角板（见推板图 4—2）　　单位：cm

部位代号	扩号方向	推板数	计算方法及根据
A	纵向向上 横向向右	0.8 0.6	根据臀围档差的 1/4 来分配 根据（腰围档差 /4）×（3/5）来分配
B	纵向向上 横向向右	0.26 0.6	根据 A 纵向档差（0.8）/3 来分配 同 A
C	纵向不推移 横向向右	0 0.5	按臀侧弧线以 B 略进 0.1 来分配
D	纵向向下 横向向右	1.7 0.5	根据裤长档差（2.5）−A 纵向档差 =0.8 来分配 同 C
E	纵向向下 横向向右	0.5 0.5	根据 1.7/3 来分配 同 C
A_1	纵向向下 横向向左	0.8 0.4	同 A 根据腰围档差的 1/4（1）−A 横向档差 =0.4 来分配
B_1	纵向向下 横向向左	0.26 0.4	同 B 同 A_1
C_1	纵向不推移 横向向左	0 0.5	同 C
D_1	纵向向下 横向向左	1.7 0.5	同 D 同 C_1
E_1	纵向向下 横向向左	0.5 0.5	同 E 同 C_1

4. 女西裤推板图（见图 4—2）

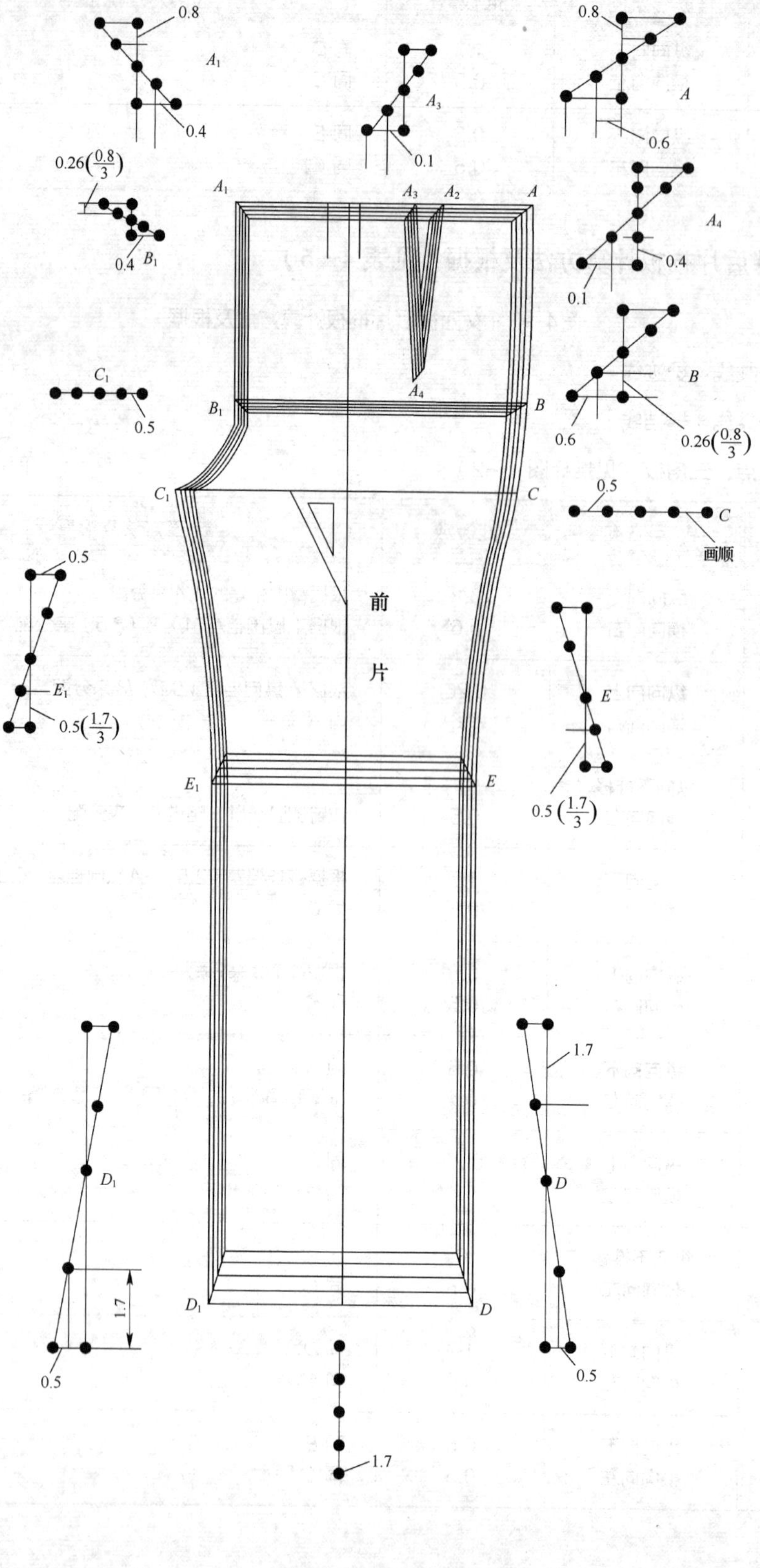

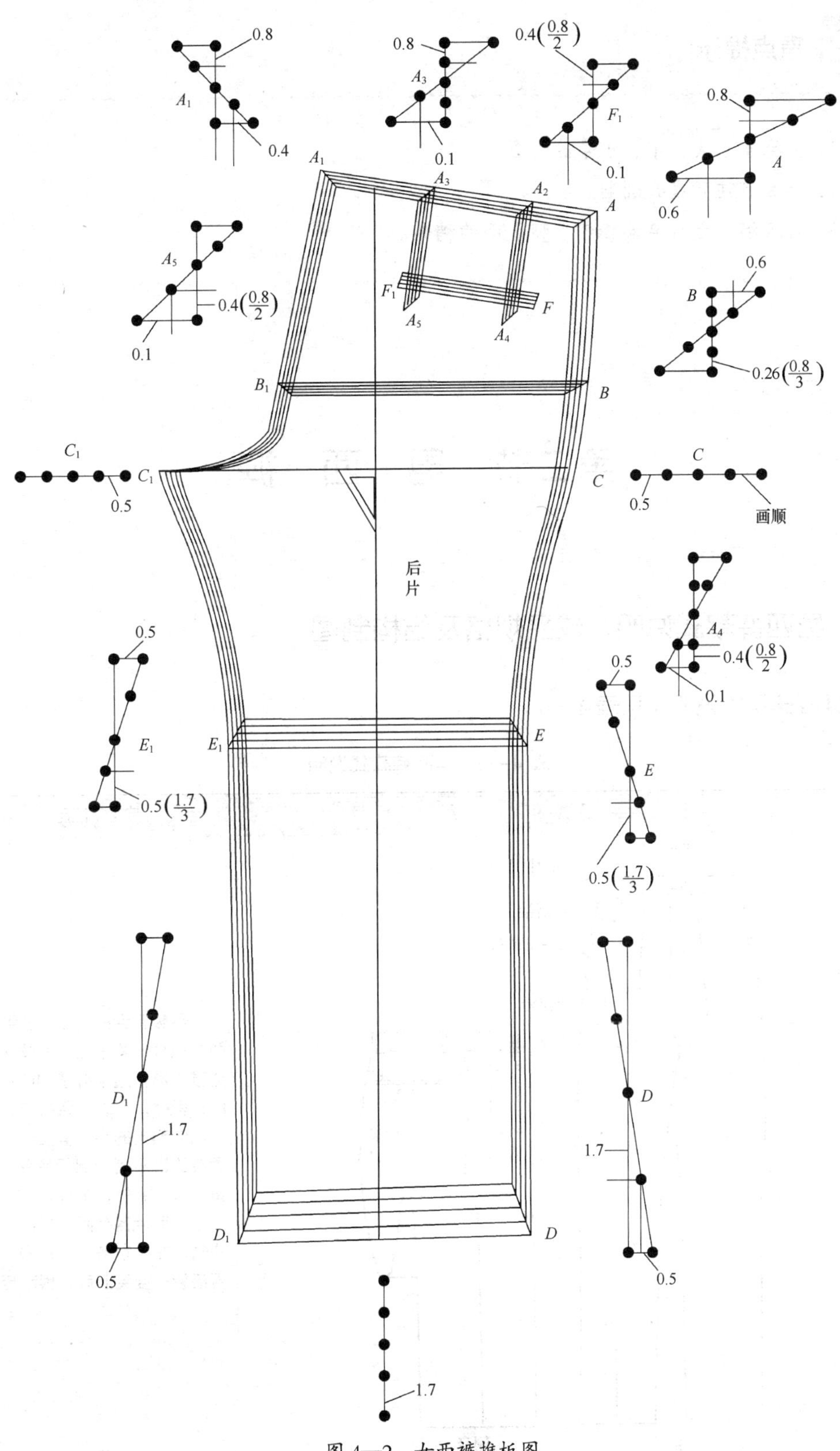

0.8
A_1
0.4
0.8
A_3
0.1
0.4($\frac{0.8}{2}$)
F_1
0.1
0.8
A
0.6
A_1
A_3
A_2
A
A_5
0.4($\frac{0.8}{2}$)
0.1
F_1
F
A_5
A_4
0.6
B
0.26($\frac{0.8}{3}$)
B_1
B
C_1
C_1
0.5
C
C
0.5
画顺
后
片
A_4
0.4($\frac{0.8}{2}$)
0.1
0.5
E_1
0.5($\frac{1.7}{3}$)
E_1
E
0.5
E
0.5($\frac{1.7}{3}$)
D_1
1.7
0.5
D
1.7
0.5
D_1
D
1.7

图 4—2　女西裤推板图

重点提示

1. 注意省在大、中、小号的位置。
2. 连线时注意线条圆顺。
3. 样板缩放之后要检查各号型之间的档差。

第二节 男 西 裤

一、男西裤款式说明、成品规格及结构制图

1. 男西裤款式说明（见表 4—6）

表 4—6 男西裤款式说明

款式图	款式说明
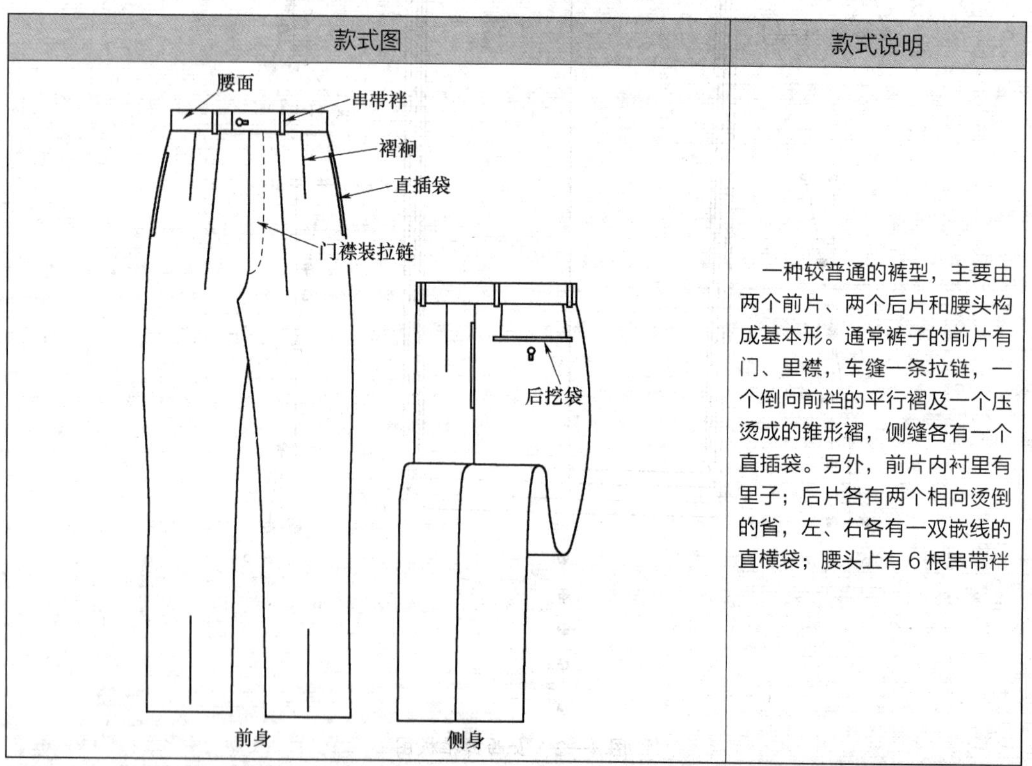	一种较普通的裤型，主要由两个前片、两个后片和腰头构成基本形。通常裤子的前片有门、里襟，车缝一条拉链，一个倒向前裆的平行褶及一个压烫成的锥形褶，侧缝各有一个直插袋。另外，前片内衬里有里子；后片各有两个相向烫倒的省，左、右各有一双嵌线的直横袋；腰头上有 6 根串带袢

2. 男西裤成品规格（见表 4—7）

表 4—7　男西裤成品规格　　单位：cm

号型	部位	裤长	腰围	臀围	上裆	脚口
170/74A	规格	102.5	76	103	25.5	21

3. 男西裤结构制图（见图 4—3）

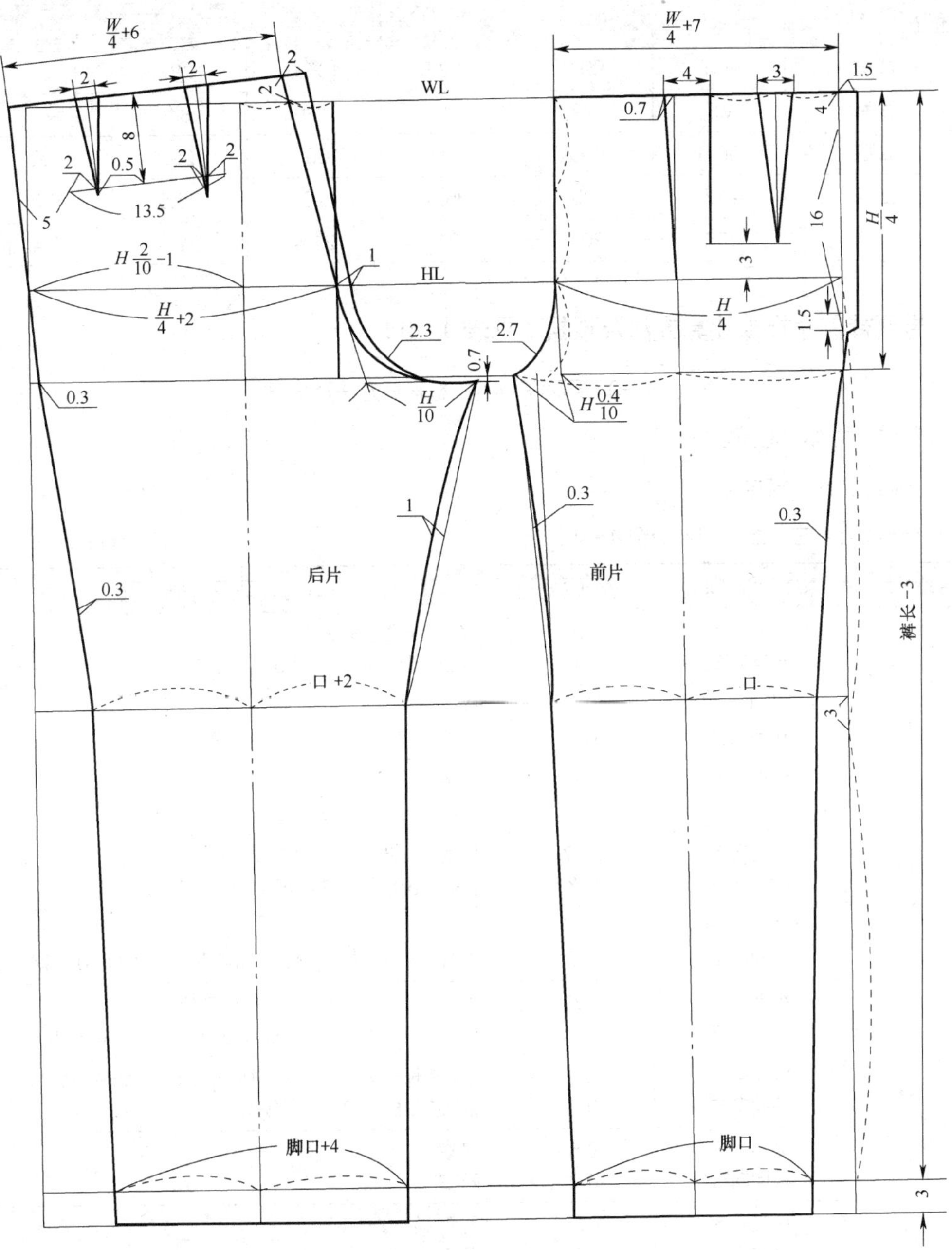

图 4—3　男西裤结构制图

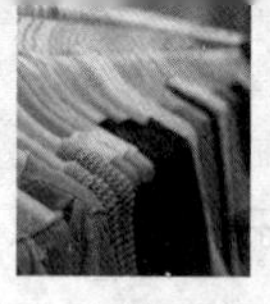

二、男西裤推板

1. 男西裤推板规格（见表4—8）

表4—8 男西裤推板规格（5·4系列） 单位：cm

号型 规格 部位	160/66	165/70	170/74	175/78	180/82	档差
裤长	96.5	99.5	102.5	105.5	108.5	3
腰围	68	72	76	80	84	4
臀围	96.6	99.8	103	106.2	109.4	3.2
上裆	24.5	25	25.5	26	26.5	0.5
脚口	20.2	20.6	21	21.4	21.8	0.4

2. 男西裤前片推板计算方法及根据（见表4—9）

表4—9 男西裤前片推板计算方法及根据

纵向公共线：烫迹线

横向公共线：横裆线

坐标原点：三角板（见推板图4—4） 单位：cm

部位代号	扩号方向	推板数	计算方法及根据
A	纵向向上 横向向右	0.5 0.6	根据上裆档差来分配 根据腰围档差/4的3/5 = 0.6来分配
B	纵向向上 横向向右	0.5 0.3	同*A* 根据*A*横向档差/2=0.3来分配
C	纵向向上 横向向左	0.5 0.4	同*A* 根据腰围档差/4的2/5 = 0.4来分配
D	纵向向上 横向向左	0.17 0.3	根据上裆档差/3=0.17来分配 根据臀围档差/4的2/5 = 0.3来分配
E	纵向不推移 横向向左	0 0.5	 根据*D*横向档差（0.3）+前裆宽档差（0.2）=0.5来分配
F	纵向向下 横向向左	1.25 0.35	根据脚口向下档差2.5/2=1.25来分配 根据（*E*横向档差+*G*横向档差）/2=0.35来分配
G	纵向向下 横向向左	2.5 0.2	根据裤长档差（3）-上裆档差（0.5）=2.5来分配 根据脚口档差/2=0.2来分配
H	纵向向下 横向向右	2.5 0.2	同*G* 同*G*
I	纵向向下 横向向右	1.25 0.35	同*F* 同*F*

续表

部位代号	扩号方向	推板数	计算方法及根据
J	纵向不推移 横向向右	0 0.5	 与 *E* 相等
K	纵向向上 横向向右	0.5 0.5	同 *A*（袋口大不变） 同 *J*
L	纵向向上 横向向右	0.17 0.5	同 *D* 根据臀围档差 /4 的 3/5 = 0.5 来分配
M	纵向不推移 横向向右	0 0.3	 同 *B*

3. 男西裤后片推板计算方法及根据（见表 4—10）

表 4—10　男西裤后片推板计算方法及根据

纵向公共线：烫迹线

横向公共线：横裆线

坐标原点：三角板（见推板图 4—4）　　单位：cm

部位代号	扩号方向	推板数	计算方法及根据
A	纵向向上 横向向右	0.5 0.3	根据上裆档差来分配 根据后腰围档差（1）/3 = 0.3 来分配
B	纵向向上 横向向左	0.5 0.5	同 *A* 根据后袋位横向档差（0.5）来分配
C	纵向向上 横向向左	0.5 0.5	同 *A* 同 *B*
D	纵向向上 横向向左	0.5 0.7	同 *A* 根据后腰围档差（1）−*A* 向右档差（0.3）=0.7 来分配
E	纵向向上 横向向左	0.17 0.5	根据上裆档差 /3−0.17 来分配 根据后臀围档差（0.8）/2+0.1=0.5 来分配
F	纵向不推移 横向向左	0 0.4	 根据 *E*−0.1=0.4 来分配
G	纵向向下 横向向左	1.25 0.35	同前片 *F* 同前片 *F*
H	纵向向下 横向向左	2.5 0.2	同前片 *G* 同前片 *G*
I	纵向向下 横向向右	2.5 0.2	同 *H* 同 *H*
J	纵向向下 横向向右	1.25 0.35	同 *G* 同 *G*
K	纵向不推移 横向向右	0 0.6	 根据 *L* 横向档差（0.3）+ 后裆宽档差 *B*/10（0.3）=0.6 来分配
L	纵向向上 横向向右	0.17 0.3	同 *E* 根据后臀围档差（0.8）/2−0.1=0.3 来分配
M、*N*、*O*、*P*	纵向向上 横向向左	0.5 0.5	同 *B* 同 *B*（袋口大不变）

4. 男西裤推板图

男西裤推板图如图 4—4 所示。

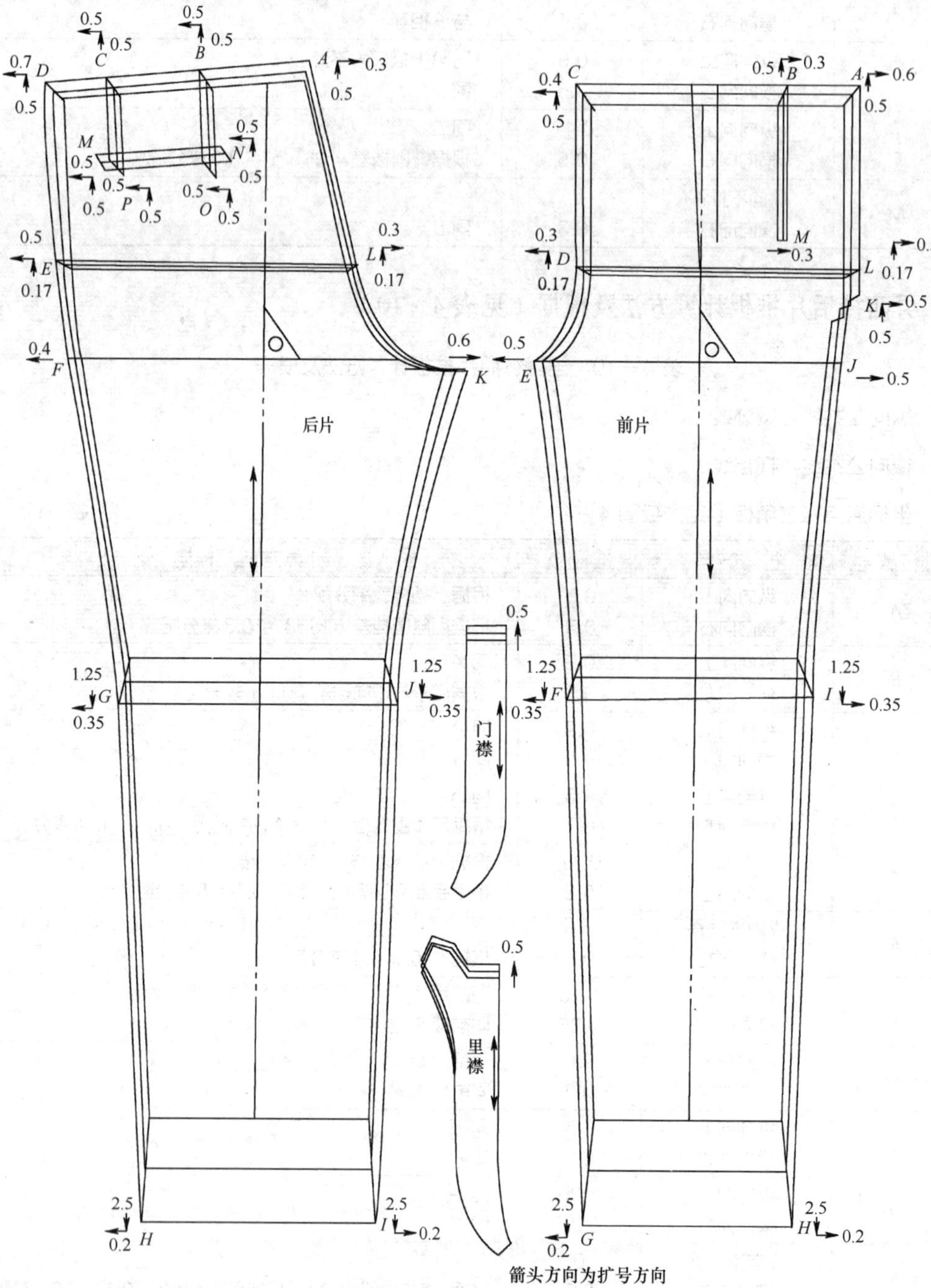

后片

前片

门襟

里襟

箭头方向为扩号方向

图 4—4 男西裤推板图

注：1. 门襟、里襟按净样放缝后上端每档 0.5 cm。

2. 腰面按净样放缝后长度每档 4 cm，根据腰围档差来分配。

男西裤后袋部位推板图如图 4—5 所示。

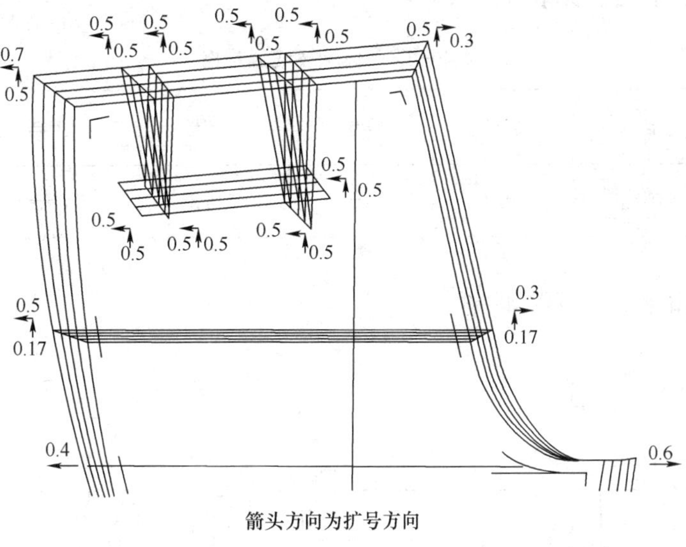

箭头方向为扩号方向

图 4—5 男西裤后袋部位推板图

第三节 休 闲 裤

一、休闲裤款式说明、成品规格及结构制图

1. 休闲裤款式说明（见表 4—11）

表 4—11 休闲裤款式说明

款式图	款式说明
前片 后片	一种较舒适自然的裤型，主要由前片、后片和腰头构成基本形。通常裤子的前片有门、里襟，车缝一条拉链，一个倒向前裆的平行褶及一个压烫成的锥形褶，侧缝各有一个直插袋，裤片膝盖处装贴袋

2. 休闲裤成品规格（见表 4—12）

表 4—12　休闲裤成品规格　　单位：cm

号型	部位	裤长	腰围	臀围	上裆	脚口
170/74A	规格	102	76	103	25.5	21

3. 休闲裤结构制图（见图 4—6）

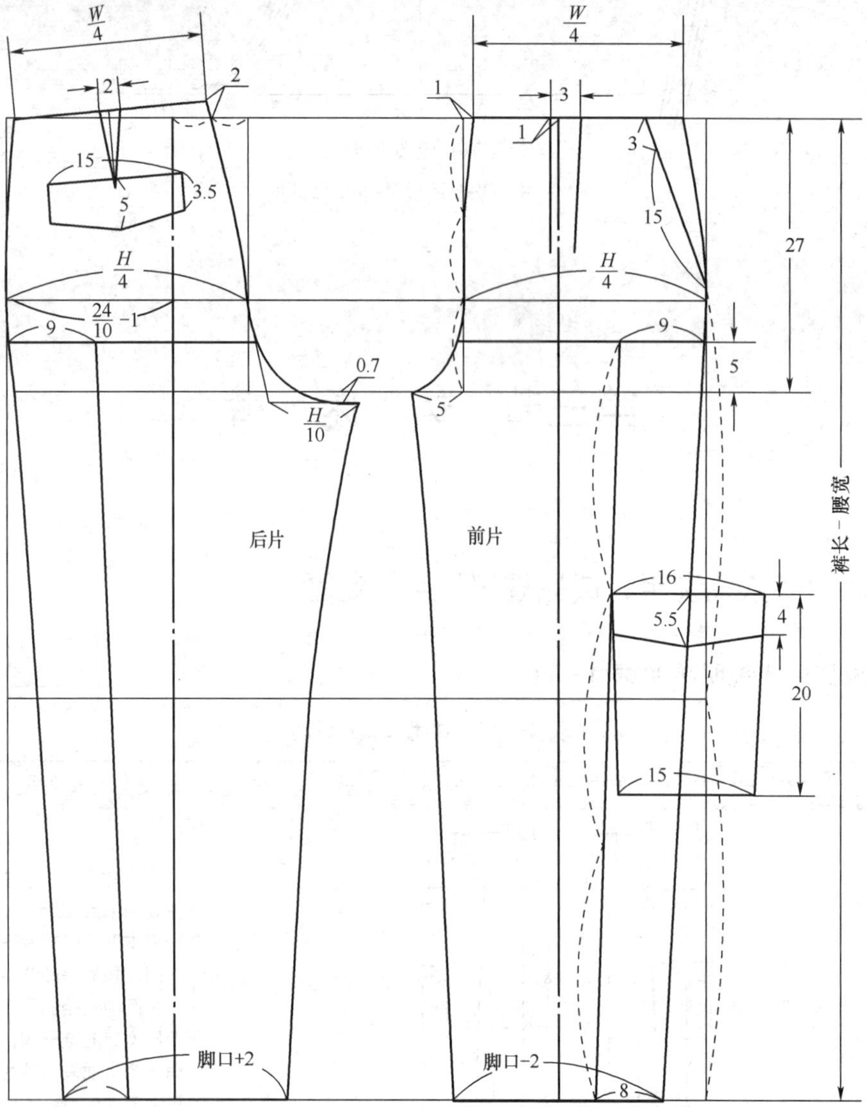

图 4—6　休闲裤结构制图

二、休闲裤推板

1. 休闲裤推板规格（见表 4—13）

表 4—13　休闲裤推板规格　　单位：cm

部位＼规格＼号型	160/66	165/70	170/74	175/78	180/82	档差
裤长	96	99	102	105	108	3
腰围	68	72	76	80	84	4
臀围	96.6	99.8	103	106.2	109.4	3.2
上裆	24.5	25	25.5	26	26.5	0.5
脚口	20.2	20.6	21	21.4	21.8	0.4

2. 休闲裤前片推板计算方法及根据（见表 4—14）

表 4—14　休闲裤前片推板计算方法及根据

公共线：烫迹线（纵向）

臀围线　中裆线（横向）

坐标原点：*O* 点（见推板图 4—7）　　单位：cm

部位代号	扩号方向	推板数	计算方法及根据
A	纵向方向 横向方向	0.5 0.4	根据上裆档差来分配 根据（腰围档差 /4）×（2/5）来分配
B	纵向方向 横向方向	0.5 0.6	同 *A* 根据（腰围档差 /4）×（3/5）来分配
C	纵向方向 横向方向	0.17 0.3	根据上裆档差的 1/3 来分配 根据（臀围档差 /4）×（2/5）来分配
D	纵向方向 横向方向	0.17 0.5	同 *C* 根据（臀围档差 /4）×（3/5）来分配
E	纵向方向 横向方向	0 0.4	 略大于 *C* 横向方向
F	纵向方向 横向方向	0 0.5	 同 *D*
G	纵向方向 横向方向	0 0.4	 同 *E*
H	纵向方向 横向方向	0 0.5	 同 *F*
I	纵向方向 横向方向	0 0.5	 根据 *C* 横向档差（0.3）+ 前裆宽档差（0.2）=0.5 来分配
J	纵向方向 横向方向	0 0.5	 同 *I*
K	纵向方向 横向方向	1.25 0.35	根据脚口向下档差（2.5）/2 来分配 根据（*I* 横向档差 +*M* 横向档差）/2 来分配
L	纵向方向 横向方向	1.25 0.35	同 *K* 同 *K*
M	纵向方向 横向方向	2.5 0.2	根据裤长档差（3）− 上裆档差（0.5）=2.5 来分配 根据脚口档差 /2=0.2 来分配
N	纵向方向 横向方向	2.5 0.2	同 *M* 同 *M*

续表

部位代号	扩号方向	推板数	计算方法及根据
O	纵向方向 横向方向	2.5 0	根据裤长档差（3）－上裆档差（0.5）=2.5 来分配
P	纵向方向 横向方向	2.5 0	根据裤长档差（3）－上裆档差（0.5）=2.5 来分配

3. 休闲裤后片推板计算方法及根据（见表 4—15）

表 4—15　休闲裤后片推板计算方法及根据

公共线：烫迹线（纵向）

臀围线 中裆线（横向）

坐标原点：*O* 点（见推板图 4—7）　　单位：cm

部位代号	扩号方向	推板数	计算方法及根据
A	纵向方向 横向方向	0.5 0.3	根据上裆档差来分配 根据后腰围档差的 1/3 来分配
B	纵向方向 横向方向	0.5 0.7	同 *A* 根据后腰围档差（1）−*A* 向右档差（0.3）=0.7 来分配
C	纵向方向 横向方向	0.17 0.3	根据上裆档差 /3=0.17 来分配 根据后臀围档差（0.8）/2−0.1=0.3 来分配
D	纵向方向 横向方向	0.17 0.5	同 *C* 根据后臀围档差（0.8）/2+0.1=0.5 来分配
E	纵向方向 横向方向	0 0.4	 略大于 *C* 横向档差
F	纵向方向 横向方向	0 0.4	 略小于 *D* 横向档差
G	纵向方向 横向方向	0 0.4	 同 *E*
H	纵向方向 横向方向	0 0.4	 同 *F*
I	纵向方向 横向方向	0 0.6	 根据 *C* 横向档差（0.3）+ 后裆宽档差 *B*/10（0.3）=0.6 来分配
J	纵向方向 横向方向	0 0.4	 根据 *D* 横向档差 −0.1=0.4 来分配
K	纵向方向 横向方向	1.25 0.35	同前片 *K* 同前片 *K*
L	纵向方向 横向方向	1.25 0.35	同前片 *L* 同前片 *L*
M	纵向方向 横向方向	2.5 0.2	同前片 *M* 同前片 *M*
N	纵向方向 横向方向	2.5 0.2	同前片 *N* 同前片 *N*
O	纵向方向 横向方向	2.5 0	根据裤长档差（3）− 上裆档差（0.5）=2.5 来分配
P	纵向方向 横向方向	2.5 0	根据裤长档差（3）− 上裆档差（0.5）=2.5 来分配

4. 休闲裤推板图（见图 4—7）

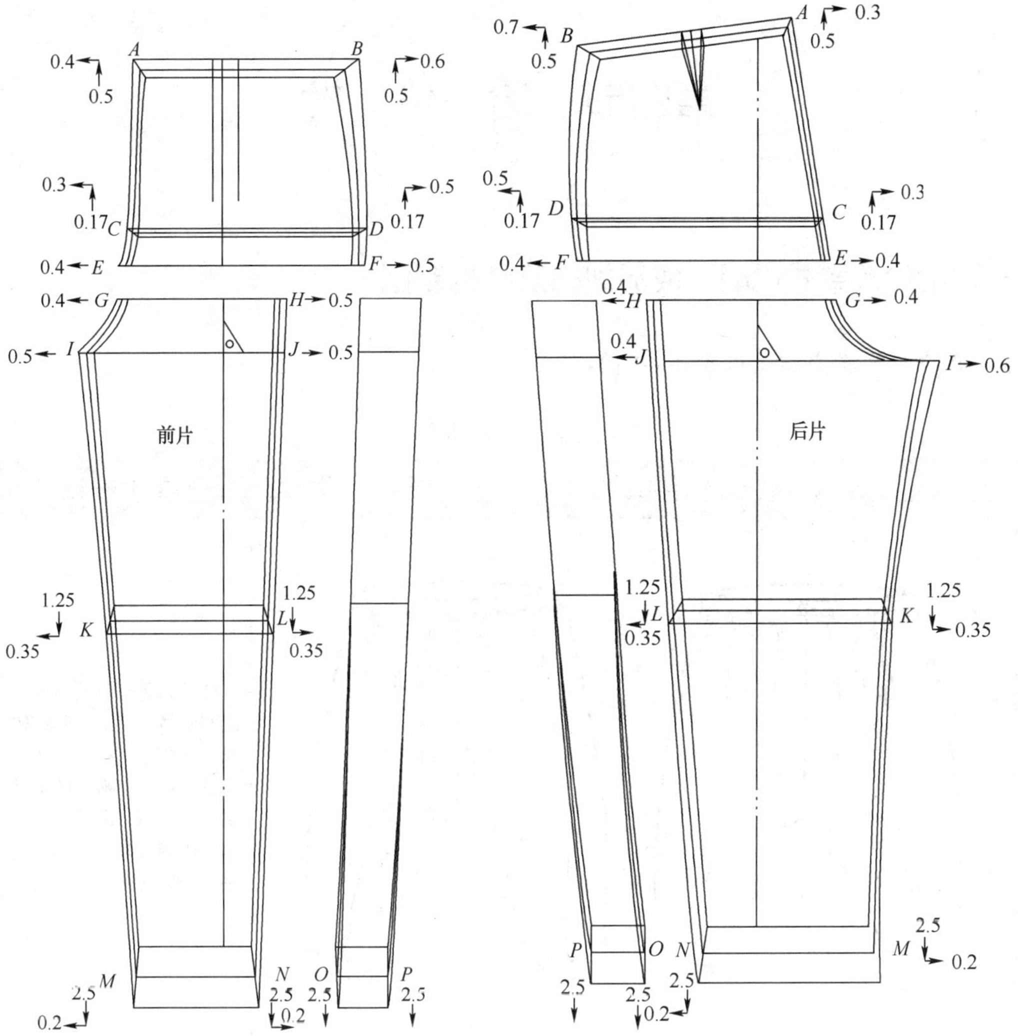

图 4—7　休闲裤推板图

重点提示

1. 前后裤片均有分割后的独立裁片，每一片均要做单独推板。
2. 连线时注意线条圆顺。
3. 样板缩放之后要检查各号型之间的档差。

第四节　哈　伦　裤

一、哈伦裤款式说明、成品规格及结构制图

1. 哈伦裤款式说明（见表 4—16）

表 4—16　哈伦裤款式说明

款式图	款式说明
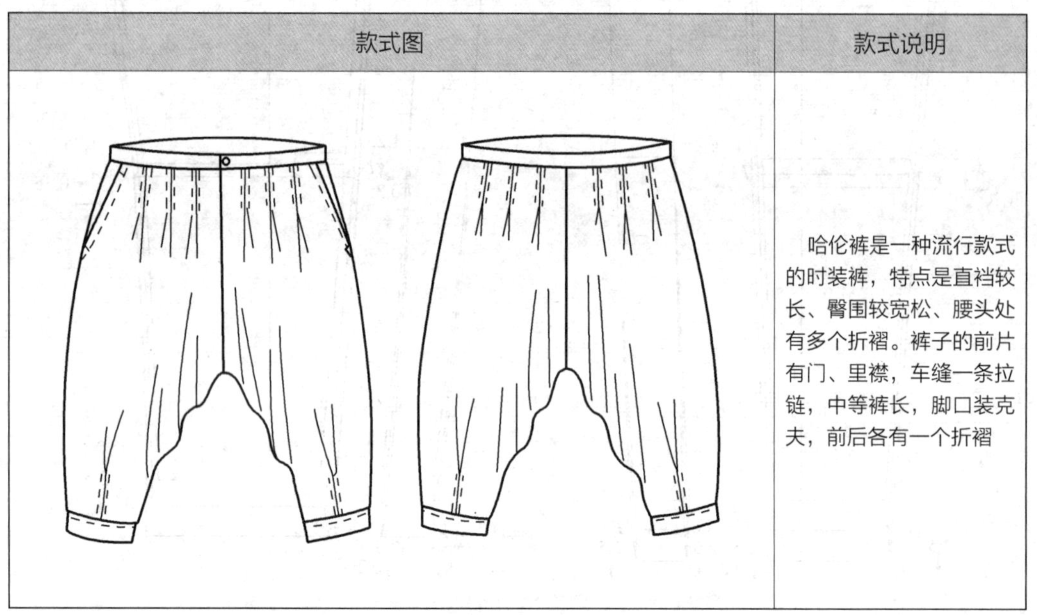	哈伦裤是一种流行款式的时装裤，特点是直裆较长、臀围较宽松、腰头处有多个折[illegible]褶。裤子的前片有门、里襟，车缝一条拉链，中等裤长，脚口装克夫，前后各有一个折裥

2. 哈伦裤成品规格（见表 4—17）

表 4—17　哈伦裤成品规格　　单位：cm

号型	部位	裤长	腰围	臀围	上裆	脚口
165/64A	规格	61	66	97	23.5	20.6

3. 哈伦裤结构制图（见图 4—8）

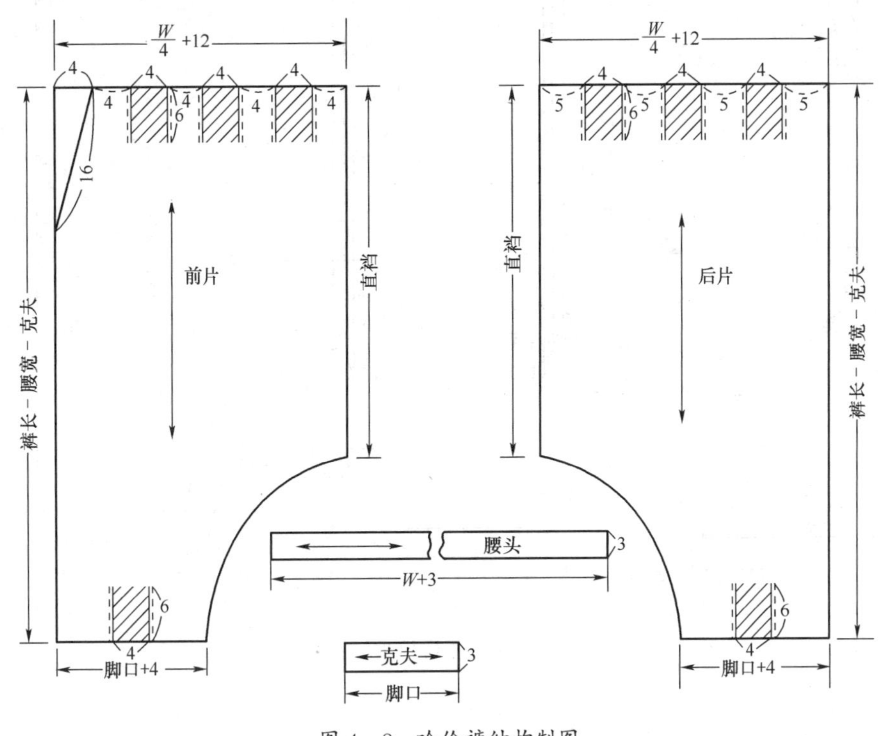

图 4—8　哈伦裤结构制图

二、哈伦裤推板

1. 哈伦裤推板规格（见表 4—18）

表 4—18　哈伦裤推板规格　　单位：cm

部位 \ 规格 \ 号型	155/60	160/62	165/64	170/66	175/68	档差
裤长	55	58	61	64	67	3
腰围	62	64	66	68	70	2
臀围	91	94	97	100	103	3
上裆	22.5	23	23.5	24	24.5	0.5
脚口	19	19.8	20.6	21.4	22.2	0.8

2. 哈伦裤前后裤片推板图

前片公共线：侧缝线（纵向）　腰围线（横向）

后片公共线：侧缝线（纵向）　腰围线（横向）

坐标原点：三角板（见推板图 4—9）

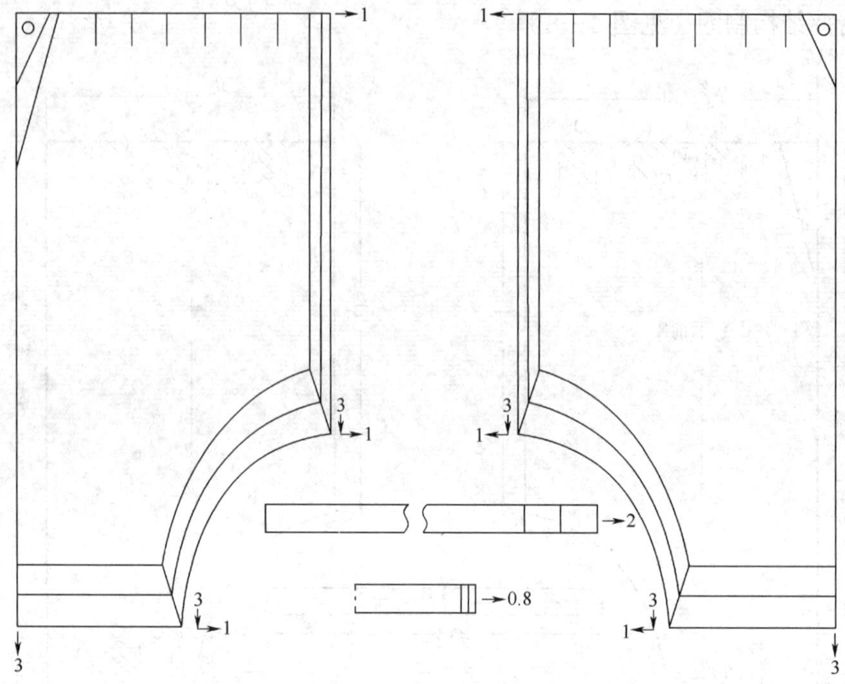

图 4—9 哈伦裤推板图

重点提示

1. 前后裤片均有分割后的独立裁片，每一片均要做单独推板。
2. 连线时注意线条圆顺。
3. 样板缩放之后要检查各号型之间的档差。

思考与练习

1. 画出本章所介绍女西裤的推板图（1：1大图或1：5小图）。
2. 画出本章所介绍男西裤的推板图（1：1大图或1：5小图）。
3. 画出本章所介绍休闲裤的推板图（1：1大图或1：5小图）。
4. 画出本章所介绍哈伦裤的推板图（1：1大图或1：5小图）。

第五章

四开身上衣制板与推板

四开身上衣是最常见的上衣品类，本章介绍女衬衫、男衬衫、公主分割线女外套、时装女外套等不同款式四开身上衣的推板方法。

学习目标

1. 熟悉四开身上衣的结构组合特征。

2. 掌握四开身上衣主要控制部位的档差规格，理清每一个裁片控制部位的横向、纵向档差总量。

3. 能够找准本章所介绍的不同款式四开身上衣的横向、纵向公共线。

4. 掌握本章所介绍的不同款式四开身上衣的前后片推板计算方法及根据。

5. 掌握本章所介绍的不同款式四开身上衣的前后片推板图画法。

第一节 女 衬 衫

一、女衬衫款式说明、成品规格及结构制图

1. 女衬衫款式说明（见表5—1）

表5—1 女衬衫款式说明

款式图	款式说明
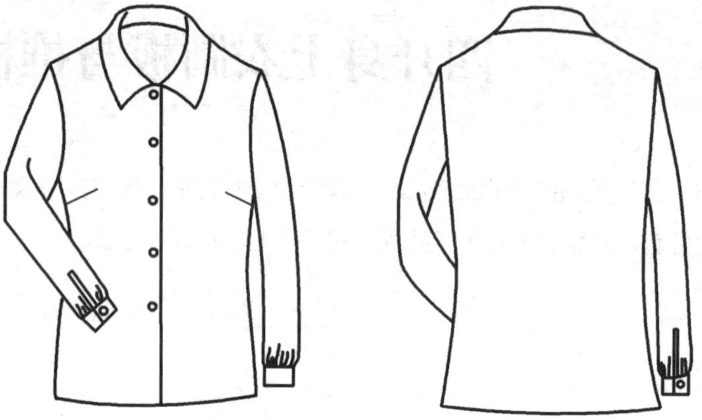	摆缝收横省，略吸腰，长袖，袖口打细裥，装袖头，小尖领，门襟五粒扣，前身左右各收肩省一只

2. 女衬衫成品规格（见表5—2）

表5—2 女衬衫成品规格　　单位：cm

号型	部位	衣长	胸围	肩宽	领围	前腰节长	袖长	AH
160/84A	规格	64	96	40	36	38	53.5	42

3. 女衬衫结构制图

女衬衫前后片结构制图如图 5—1 所示。

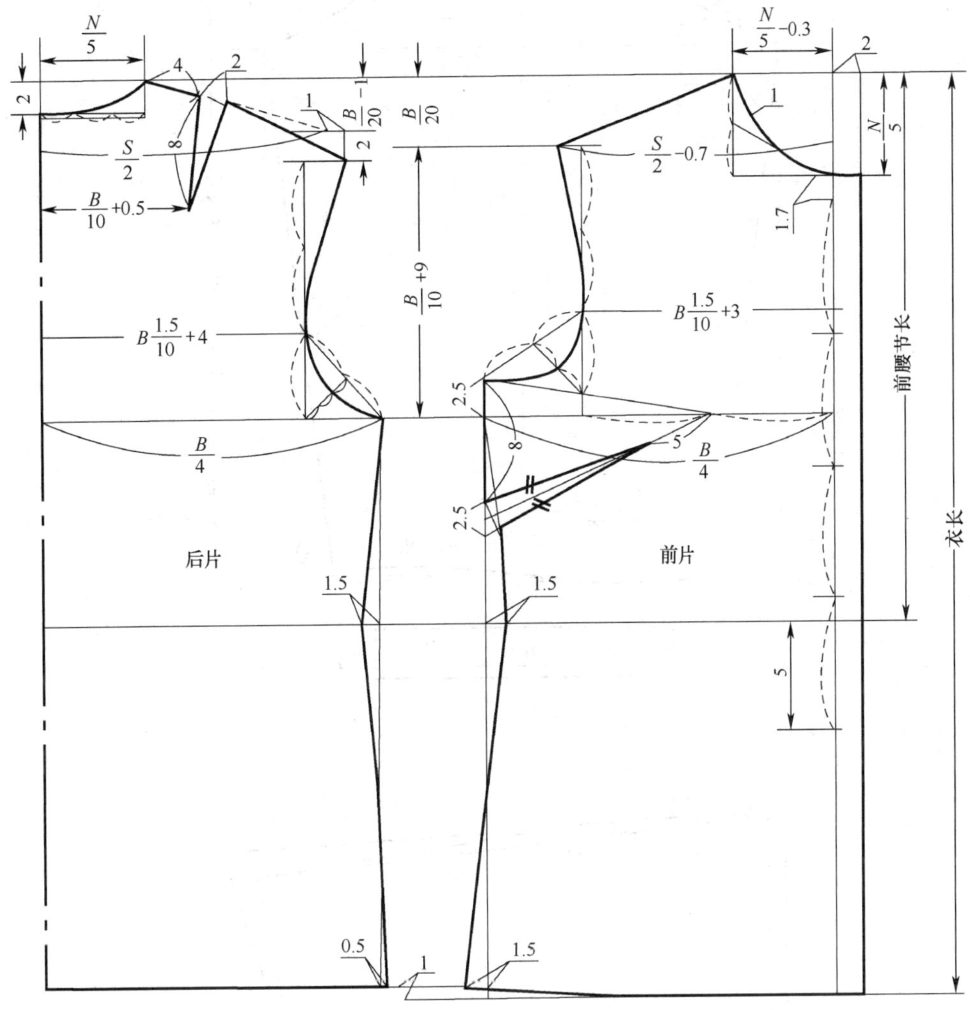

图 5—1　女衬衫前后片结构制图

女衬衫领、袖片结构制图如图 5—2 所示。

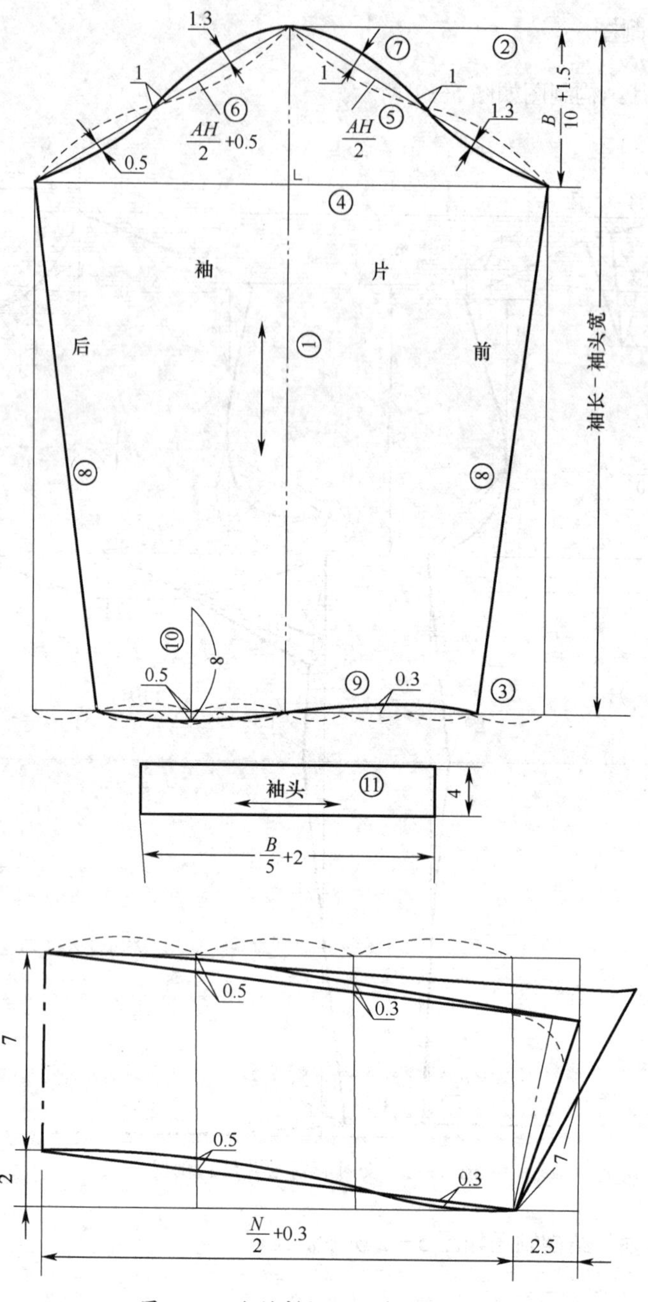

图 5—2　女衬衫领、袖片结构制图

二、女衬衫推板

1. 女衬衫推板规格（见表5—3）

表5—3　女衬衫推板规格

单位：cm

部位 \ 规格 \ 号型	150/76	155/80	160/84	165/88	170/92	档差
衣长	60	62	64	66	68	2
胸围	88	92	96	100	104	4
肩宽	38	39	40	41	42	1
领围	34	35	36	37	38	1
长袖长	50.5	52	53.5	55	56.5	1.5
短袖长	19	20	21	22	23	1

2. 女衬衫前片推板计算方法及根据（见表5—4）

表5—4　女衬衫前片推板计算方法及根据

公共线：前胸宽线（纵向）

胸围线（横向）

坐标原点：*O*点（见推板图5—3）

单位：cm

部位代号	扩号方向	推板数	计算方法及根据
A	纵向方向 横向方向	0.7 0.4	根据衣长档差的1/3来分配 根据肩宽档差/2（0.5）−0.1=0.4来分配
B	纵向方向 横向方向	0.5 0.1	根据*A*纵向档差（0.7）−胸围档差/20（0.2）=0.5来分配 根据肩宽档差/2（0.5）−*A*横向档差=0.1来分配
C	纵向方向 横向方向	0.1 0.4	根据胸宽[（1.5/10）*B*]档差−肩宽档差/2=0.1来分配 根据胸围档差（1）−胸围档差×1.5/10（0.6）=0.4来分配
D	纵向方向 横向方向	0.3 0.4	根据[衣长档差（2）−*A*横向档差（0.7）]/4=0.3来分配 同*C*
E	纵向方向 横向方向	1.3 0.4	根据衣长档差（2）−*A*纵向档差（0.7）=1.3来分配 同*C*
F	纵向方向 横向方向	1.3 0.6	同*E* 根据胸围档差（1）−*C*横向档差=0.6来分配
G	纵向方向 横向方向	0.3 0.6	同*D* 同*F*
H	纵向方向 横向方向	0.5 0.6	同*B* 同*F*
I	纵向方向 横向方向	0.5 0.6	同*B* 同*F*
J	纵向方向 横向方向	0.5 0.6	同*B* 同*F*
K	纵向方向 横向方向	0 0.3	 根据*G*横向档差/2来分配

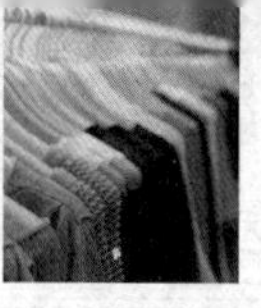

3. 女衬衫后片推板计算方法及根据（见表 5—5）

表 5—5　女衬衫后片推板计算方法及根据

公共线：后中心线（纵向）

胸围线（横向）

坐标原点：*O* 点（见推板图 5—3）　　单位：cm

部位代号	扩号方向	推板数	计算方法及根据
A	纵向方向 横向方向	0.7 0.2	根据衣长档差的 1/3 来分配 根据领围档差的 1/5 来分配
B	纵向方向 横向方向	0.7 0	同 *A*
C	纵向方向 横向方向	0.3 0	同前片 *D*
D	纵向方向 横向方向	1.3 0	同前片 *E*
E	纵向方向 横向方向	1.3 1	同 *D* 根据胸围档差的 1/4 来分配
F	纵向方向 横向方向	0.3 1	同 *C* 同 *E*
G	纵向方向 横向方向	0 1	 同 *E*
H	纵向方向 横向方向	0.17 0.6	根据前片 *B* 纵向档差的 1/3 来分配 根据胸宽［（1.5/10）*B*］档差来分配
I	纵向方向 横向方向	0.5 0.5	同前片 *B* 根据肩宽档差的 1/2 来分配
J	纵向方向 横向方向	0.65 0.3	根据 *B* 纵向档差 −0.05=0.65 来分配 根据 *H* 横向档差的 1/2 来分配
K	纵向方向 横向方向	0.65 0.3	同 *J* 同 *J*

4. 女衬衫袖片及零部件推板计算方法及根据（见表 5—6）

表 5—6　女衬衫袖片及零部件推板计算方法及根据

公共线：袖中线（纵向）

袖长线（横向）

坐标原点：*O* 点（见推板图 5—4）　　单位：cm

部位代号	扩号方向	推板数	计算方法及根据
A	纵向方向 横向方向	0 0	
B	纵向方向 横向方向	0.5 0.4	同前片 *B* 同前片 *C*

续表

部位代号	扩号方向	推板数	计算方法及根据
C	纵向方向 横向方向	1.5 0.3	根据袖长档差来分配 根据 *B* 横向档差的 3/4 来分配
D	纵向方向 横向方向	1.5 0.15	同 *C* 根据 *C* 横向档差的 1/2 来分配
E	纵向方向 横向方向	1.5 0.3	同 *C* 同 *C*
F	纵向方向 横向方向	0.5 0.4	同 *B* 同 *B*
G	纵向方向 横向方向	1.5 0.15	同 *D* 同 *D*

5. 女衬衫前、后片推板图（见图 5—3）

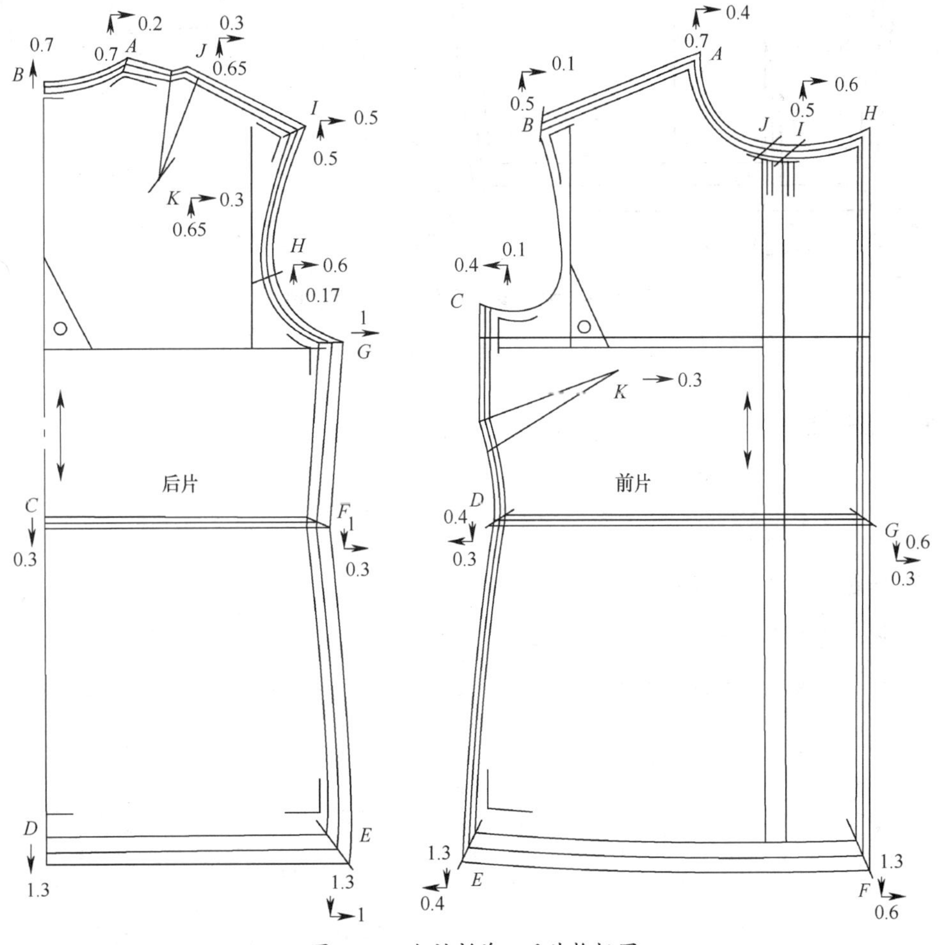

图 5—3　女衬衫前、后片推板图

6. **女衬衫袖片以及零部件推板图（见图 5—4）**

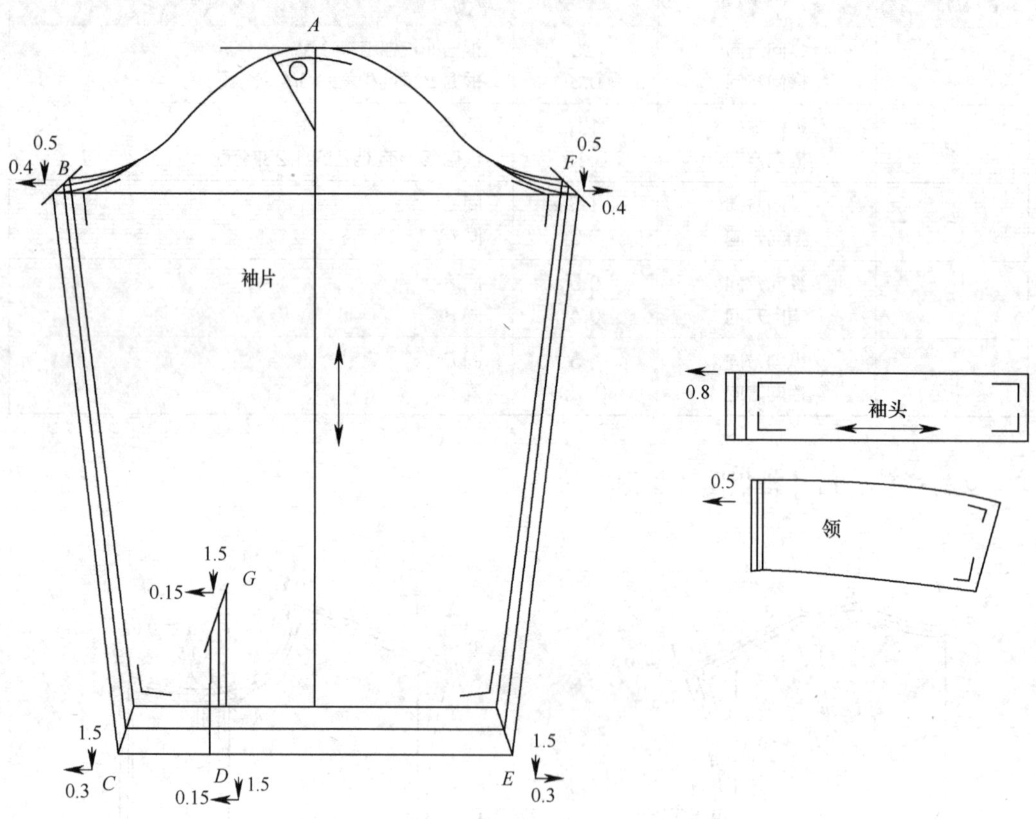

图 5—4 女衬衫袖片及零部件推板图

重点提示

1. 注意袖山弧线的缩放。
2. 注意领子对位刀口点的缩放。
3. 连线时注意线条圆顺。
4. 样板缩放之后要检查各号型之间的档差。

第二节　男　衬　衫

一、男衬衫款式说明、成品规格及结构制图

1. 男衬衫款式说明（见表 5—7）

表 5—7　男衬衫款式说明

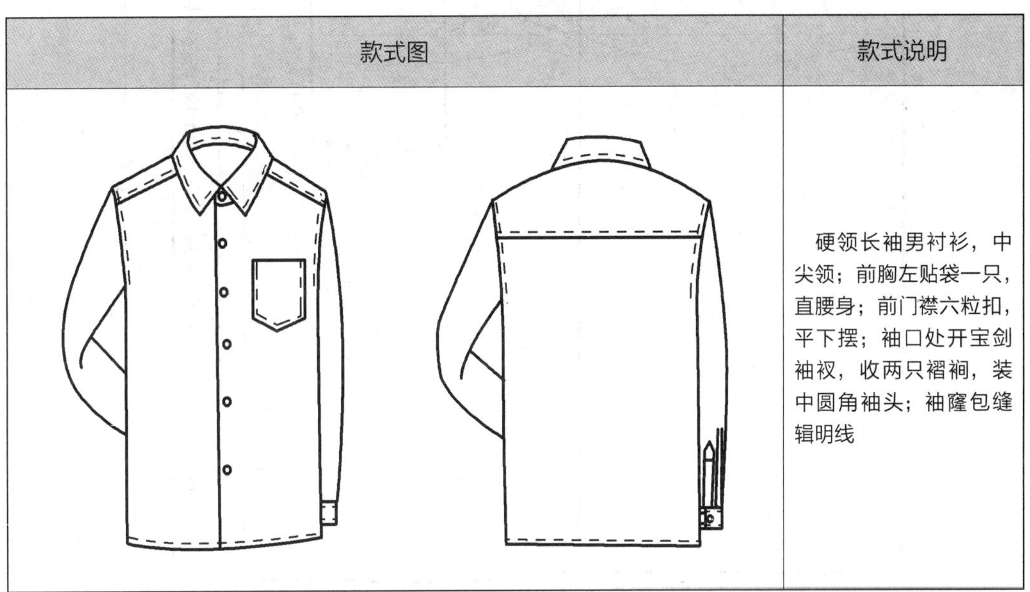

款式图	款式说明
	硬领长袖男衬衫，中尖领；前胸左贴袋一只，直腰身；前门襟六粒扣，平下摆；袖口处开宝剑袖衩，收两只褶裥，装中圆角袖头；袖窿包缝辑明线

2. 男衬衫成品规格（见表 5—8）

表 5—8　男衬衫成品规格　　单位：cm

号型	部位	衣长	胸围	肩宽	领大	袖长	袖口
170/88A	规格	72	110	46	39	58.5	25

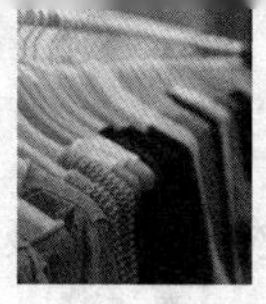

3. 男衬衫结构制图

男衬衫前、后片结构制图如图 5—5 所示。

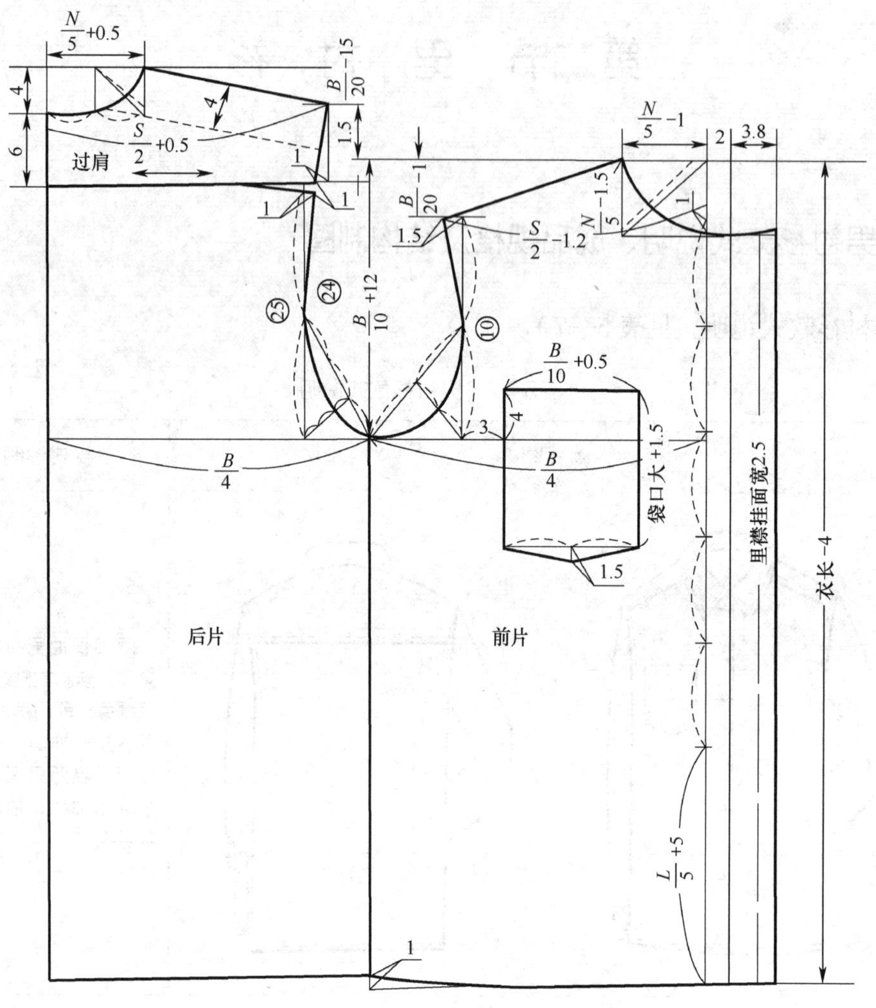

图 5—5 男衬衫前、后片结构制图

男衬衫袖片结构制图如图 5—6 所示。

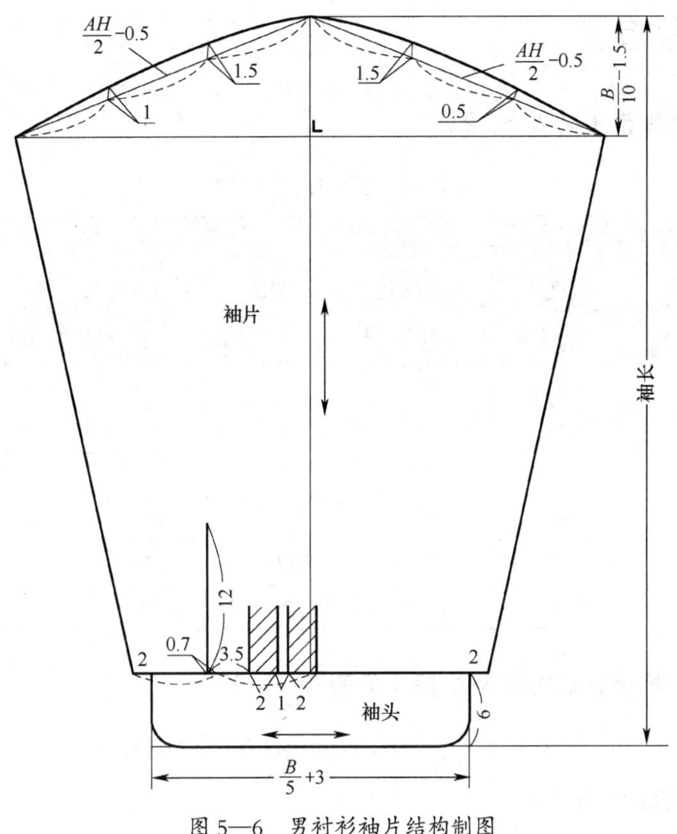

图 5—6　男衬衫袖片结构制图

男衬衫领结构制图如图 5—7 所示。

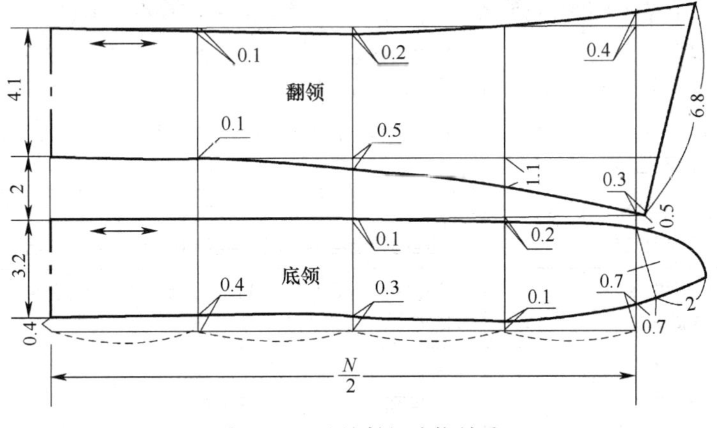

图 5—7　男衬衫领结构制图

二、男衬衫推板

1. 男衬衫推板规格（见表5—9）

表5—9 男衬衫推板规格　　单位：cm

部位＼规格＼号型	160/80	165/84	170/88	175/92	180/96	档差
衣长	68	70	72	74	76	2
胸围	102	106	110	114	118	4
肩宽	43.6	44.8	46	47.2	48.4	1.2
领大	37	38	39	40	41	1
袖长	55.5	57	58.5	60	61.5	1.5
袖口	23.4	24.2	25	25.4	26.6	0.8

2. 男衬衫前片推板计算方法及根据（见表5—10）

表5—10 男衬衫前片推板计算方法及根据

公共线：前胸宽线（纵向）

胸围线（横向）

坐标原点：*O*点（见推板图5—8）　　单位：cm

部位代号	扩号方向	推板数	计算方法及根据
A	纵向向上 横向向右	0.7 0.4	根据袖窿深档差1.5/10*B*（0.6）+0.1=0.7来分配 根据胸宽档差1.5/10*B*（0.6）－横领档差*N*/5（0.2）=0.4来分配
B	纵向向上 横向不推移	0.5 0	根据*A*向上档差（0.7）－落肩档差*B*/20（0.2）=0.5来分配
C	纵向不推移 横向向左	0 0.4	根据胸围档差/4－胸宽档差（0.6）=0.4来分配
D	纵向向下 横向向左	1.3 0.4	根据衣长档差（2）－*A*向上档差（0.7）=1.3来分配 同*C*
E	纵向向下 横向向右	1.3 0.6	同*D* 根据胸宽档差（0.6）来分配
F	纵向不推移 横向向右	0 0.6	同*E*
G	纵向向上 横向向右	0.5 0.6	根据*A*向上档差（0.7）－直领档差*N*/5（0.2）=0.5来分配 同*E*
H	纵向不推移 横向向右	0 0.2	可不推档，按号型配置

3. 男衬衫后片推板计算方法及根据（见表 5—11）

表 5—11　男衬衫后片推板计算方法及根据

公共线：后中心线（纵向）

胸围线（横向）

坐标原点：O 点（见推板图 5—8）　　单位：cm

部位代号	扩号方向	推板数	计算方法及根据
A	纵向向上 横向向右	0.7 0.2	同前片 A 根据横领档差 N/5=0.2 来分配
B	纵向向上 横向不推移	0.65 0	根据 A 向上档差（0.7）−0.05=0.65 来分配
C、D	纵向向上 横向不推移	0.5 0	根据 A 向上档差（0.7）− 直领档差 N/5（0.2）=0.5 来分配
E	纵向向下 横向不推移	1.3 0	根据衣长档差（2）−A 向上档差（0.7）=1.3 来分配
F	纵向向下 横向向右	1.3 1	同 E 根据胸围档差 /4=1 来分配
G	纵向不推移 横向向右	0 1	同 F
H	纵向向上 横向向右	0.25 0.6	根据 I 向上档差（0.5）/2=0.25 来分配 根据背宽档差 1.5/10B=0.6 来分配
I、J	纵向向上 横向向右	0.5 0.6	同 C 根据肩宽档差 /2=0.6 来分配
K	纵向向上 横向向右	0.63 0.6	根据 A 向上档差（0.7）− 过肩宽档差（0.2）/3=0.63 来分配 同 I

4. 男衬衫袖片及零部件推板计算方法及根据（见表 5—12）

表 5—12　男衬衫袖片及零部件推板计算方法及根据

公共线：袖中心线（纵向）

袖深线（横向）

坐标原点：O 点（见推板图 5—8）　　单位：cm

部位代号	扩号方向	推板数	计算方法及根据
A	纵向不推移 横向不推移	0 0	
B	纵向向下 横向向左	0.4 0.8	根据袖山深档差 B/10=0.4 来分配 根据袖肥档差 2/10B=0.8 来分配
C	纵向向下 横向向左	1.5 0.4	根据袖长档差（1.5）来分配 根据袖口档差（0.8）/2=0.4 来分配
D	纵向向下 横向向左	1.5 0.2	同 C 根据袖口档差（0.8）/4=0.2
E	纵向向下 横向向右	1.5 0.4	同 C 同 C
F	纵向向下 横向向右	0.4 0.8	同 B 同 B
G	纵向向下 横向向左	1.5 0.2	同 D 同 D

5. 男衬衫推板图（见图5—8）

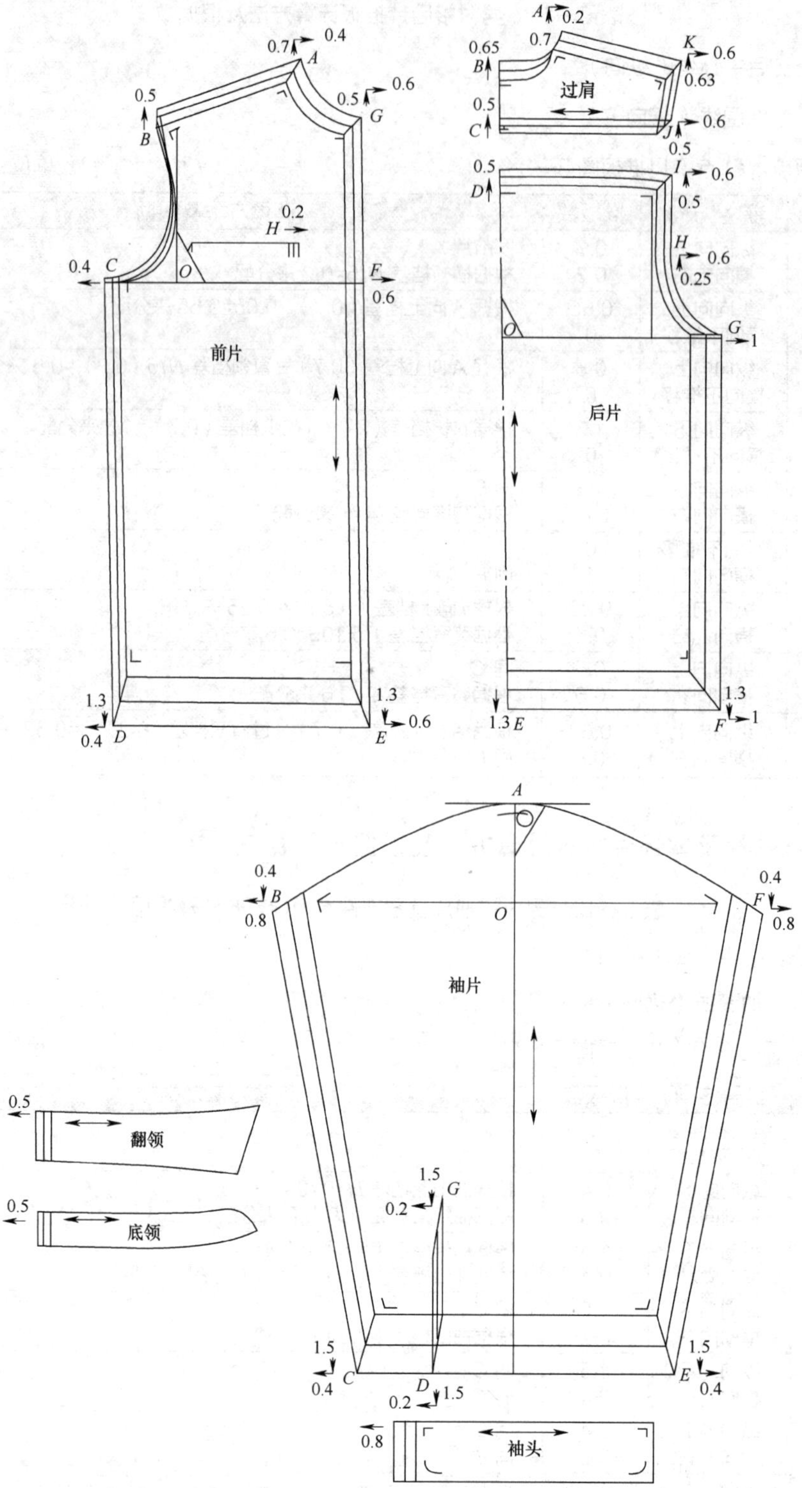

前片

过肩

后片

袖片

翻领

底领

袖头

图5—8　男衬衫推板图

重点提示

1. 注意领口处的缩放。
2. 注意贴袋的缩放。
3. 连线时注意线条圆顺。
4. 样板缩放之后要检查各号型之间的档差。

第三节　公主线分割女外套

一、公主线分割女外套款式说明、成品规格及结构制图

1. 公主线分割女外套款式说明（见表5—13）

表5—13　公主线分割女外套款式说明

款式图	款式说明
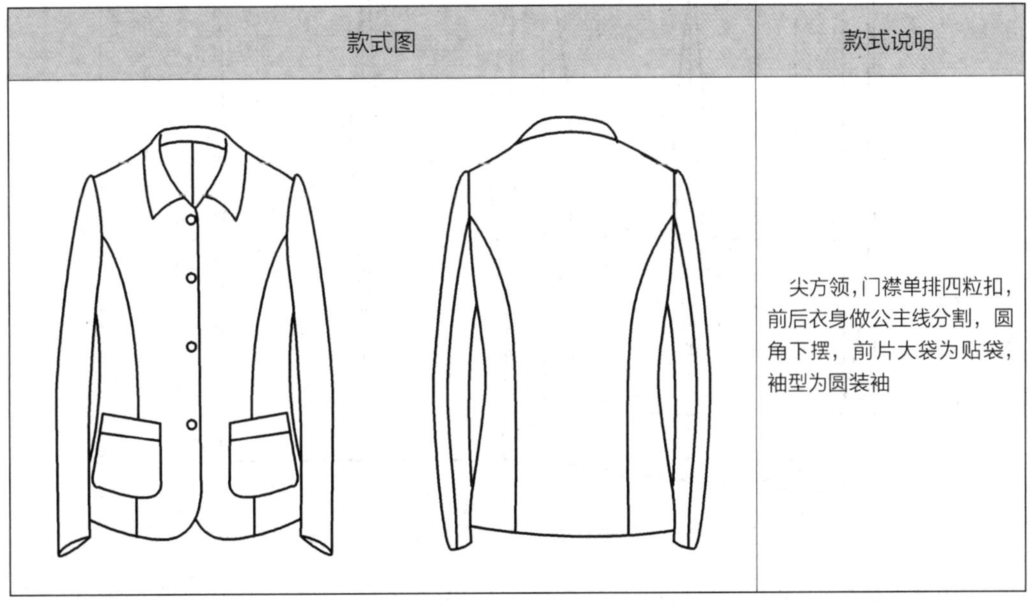	尖方领，门襟单排四粒扣，前后衣身做公主线分割，圆角下摆，前片大袋为贴袋，袖型为圆装袖

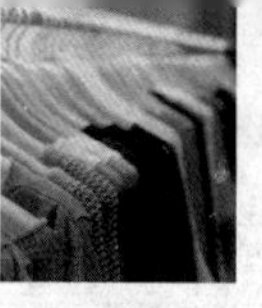

2. 公主线分割女外套成品规格（见表 5—14）

表 5—14　公主线分割女外套成品规格　　单位：cm

号型	部位	后衣长	胸围	肩宽	领围	袖长	袖口
165/88A	规格	66	102	42	38	57	14

3. 公主线分割女外套结构制图

公主线分割女外套前、后衣片结构制图（后片制图法）如图 5—9 所示。

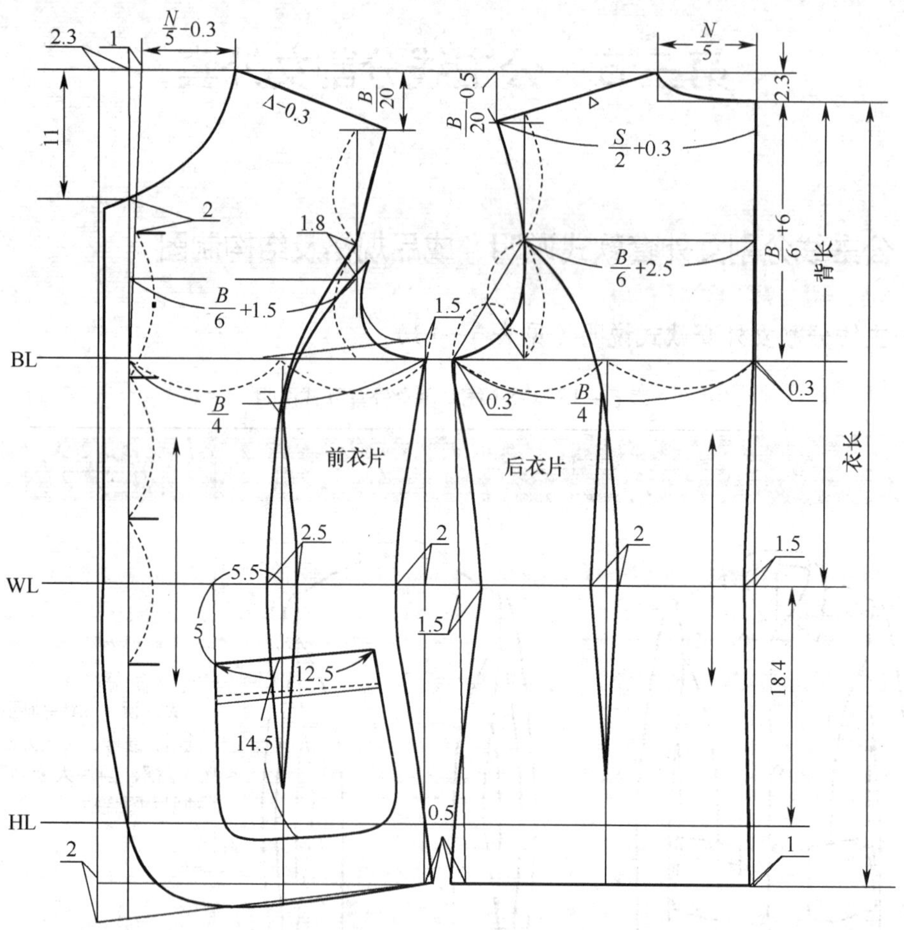

图 5—9　公主线分割女外套前、后衣片结构制图

公主线分割女外套袖片结构制图如图 5—10 所示。

公主线分割女外套领子结构制图如图 5—11 所示。

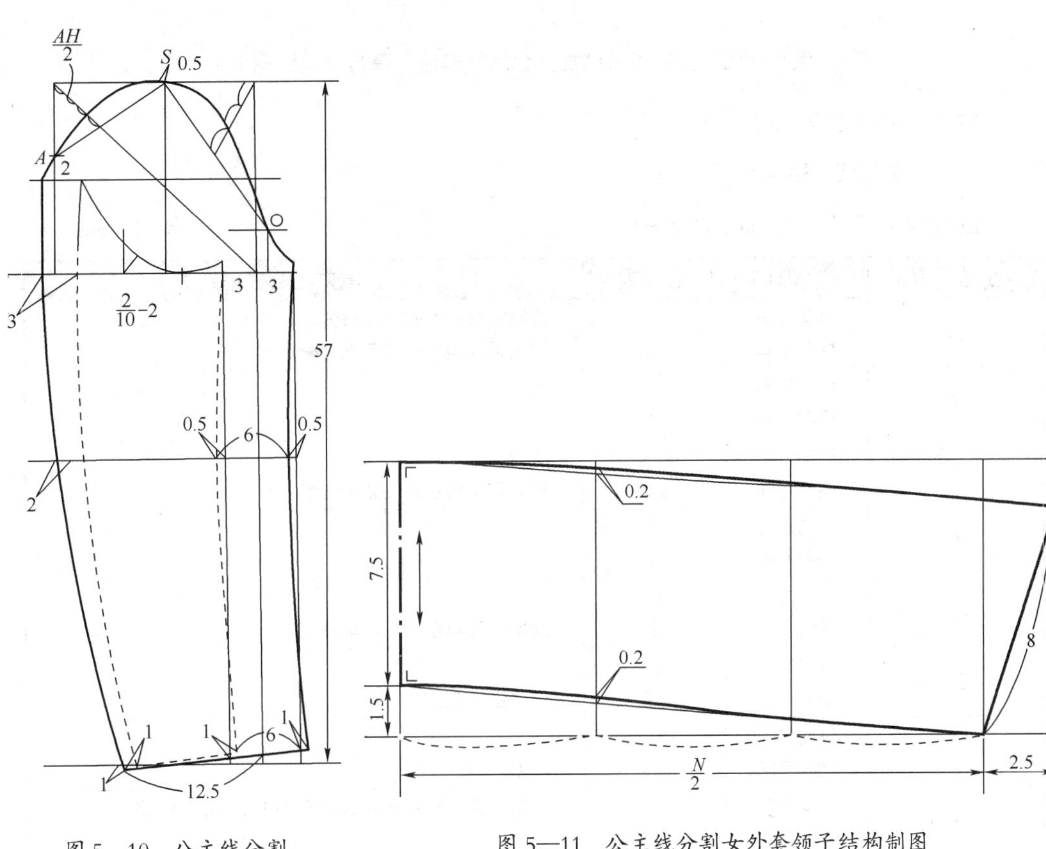

图 5—10　公主线分割女外套袖片结构制图

图 5—11　公主线分割女外套领子结构制图

二、公主线分割女外套推板

1. 公主线分割女外套推板规格表（见表 5—15）

表 5—15　公主线分割女外套推板规格表　　单位：cm

部位＼规格＼号型	155/80	160/84	165/88	170/92	175/96	档差
胸围	94	98	102	106	110	4
后衣长	61	63.5	66	68.5	71	2.5
肩宽	40	41	42	43	44	1
领围	36	37	38	39	40	1
直开领	9.5	10.25	11	11.75	12.5	0.75
袖长	54	55.5	57	58.5	60	1.5
袖口	12.8	13.4	14	14.6	15.2	0.6

2. 公主线分割女外套后片推板计算方法及根据（见表 5—16）

表 5—16　公主线分割女外套后片推板计算方法及根据

公共线：后中心线（纵向）

胸围线（横向）

坐标原点：三角板（见推板图 5—12）　　单位：cm

部位代号	扩号方向	推板数	计算方法及根据
A	纵向方向 横向方向	0.9 0.2	根据衣长档差的 1/3 来分配 根据领围档差的 1/5 来分配
B	纵向方向 横向方向	0.9 0	同 A
C	纵向方向 横向方向	0.9 0.5	同 A 根据肩宽档差的 1/2 来分配
D	纵向方向 横向方向	0 0	
D_1	纵向方向 横向方向	0 1	根据胸围档差的 1/4 来分配
D_2	纵向方向 横向方向	0 0.2	移动定数 0.2
D_3	纵向方向 横向方向	0 0.2	同 D_2
E	纵向方向 横向方向	0.5 0	根据（衣长档差 − A 纵向档差）/3=0.5 来分配
E_1	纵向方向 横向方向	0.5 1	同 E 同 D_1
E_2	纵向方向 横向方向	0.5 0.2	同 E 同 D_2
E_3	纵向方向 横向方向	0.5 0.2	同 E 同 D_2
F	纵向方向 横向方向	1.6 0	根据衣长档差 − A 纵向档差 =1.6 来分配
F_1	纵向方向 横向方向	1.6 1	同 F 同 D_1
F_2	纵向方向 横向方向	1.6 0.2	同 F 同 D_2
F_3	纵向方向 横向方向	1.6 0.2	同 F 同 D_2
G	纵向方向 横向方向	0.45 画顺	根据 C 纵向档差的 1/2 来分配
G_1	纵向方向 横向方向	0.45 画顺	同 G

3. 公主线分割女外套前片推板计算方法及根据（见表 5—17）

表 5—17　公主线分割女外套前片推板计算方法及根据

公共线：前中心线（纵向）

胸围线（横向）

坐标原点：三角板（见推板图 5—13）　　单位：cm

部位代号	扩号方向	推板数	计算方法及根据
A	纵向方向 横向方向	0.9 0.2	同后片 A 同后片 A
B	纵向方向 横向方向	0.75 0.2	根据直开领档差来分配 同 A
B_1	纵向方向 横向方向	0.75 0	同 B
C	纵向方向 横向方向	0.9 0.5	同 A 根据肩宽档差的 1/2 来分配
C_1	纵向方向 横向方向	0 0.3	画顺 画顺
D	纵向方向 横向方向	0.3 0	根据 C 纵向档差的 1/3 来分配
D_1	纵向方向 横向方向	0.3 0	同 D
E	纵向方向 横向方向	0 0	
E_1	纵向方向 横向方向	0 1	 根据胸围档差的 1/4 来分配
E_2	纵向方向 横向方向	0 0.2	 同后片 D_2
E_3	纵向方向 横向方向	0 0.2	 同后片 D_3
F_1	纵向方向 横向方向	0.5 1	同后片 E_1 同 E_1
F_2	纵向方向 横向方向	0.5 0.2	同 F_1 同后片 D_2
G	纵向方向 横向方向	1.6 0	同后片 F
G_1	纵向方向 横向方向	1.6 1	同后片 F_1 同后片 F_1
G_2	纵向方向 横向方向	1.6 0.2	同后片 F_2 同后片 F_2
G_3	纵向方向 横向方向	1.6 0.2	同后片 F_3 同后片 F_3
H	纵向方向 横向方向	0.5 0.25	同 F_2 根据袋口档差（0.5）的 1/2 来分配
H_1	纵向方向 横向方向	0.5 0.5	同 F_2 根据袋口档差来分配

4. 公主线分割女外套袖片及零部件推板计算方法及根据（见表 5—18）

表 5—18 公主线分割女外套袖片及零部件推板计算方法及根据

公共线：袖中心线（纵向）

袖山深线（横向）

坐标原点：三角板（见推板图 5—14）

单位：cm

部位代号	扩号方向	推板数	计算方法及根据
A	纵向方向 横向方向	0.5 0	根据袖山深档差 = 袖长档差的 1/3 来分配
B	纵向方向 横向方向	0.2 0.4	根据袖山深档差的 2/5 来分配 根据袖肥档差（2/10*B*）的 1/2 来分配
C	纵向方向 横向方向	0.3 0.3	根据袖长档差的 1/2 来分配 根据 *B* 横向档差 −0.1=0.3 来分配
D	纵向方向 横向方向	1 0.1	根据袖长档差（1.5）－ *A* 纵向档差（0.5）=1 来分配 根据袖口档差（0.6）－ 0.5=0.1 来分配
E	纵向方向 横向方向	1 0.5	同 *D* 根据袖肥档差 [（2/10）*B*] 的 1/2+0.1=0.5 来分配
F	纵向方向 横向方向	0.3 0.5	同 *C* 同 *E*
G	纵向方向 横向方向	0 0.5	 同 *E*
H	纵向方向 横向方向	0.2 0.4	同 *B* 同 *B*
I	纵向方向 横向方向	0.3 0.3	同 *C* 同 *C*
J	纵向方向 横向方向	1 0.1	同 *D* 同 *D*
K	纵向方向 横向方向	1 0.3	同 *J* 根据 *E* 横向档差－ 0.2=0.3 来分配
L	纵向方向 横向方向	0.3 0.3	同 *I* 同 *I*
M	纵向方向 横向方向	0 0.3	 同 *L*

5. 公主线分割女外套推板图

公主线分割女外套后片推板图如图 5—12 所示。

公主线分割女外套前片推板图如图 5—13 所示。

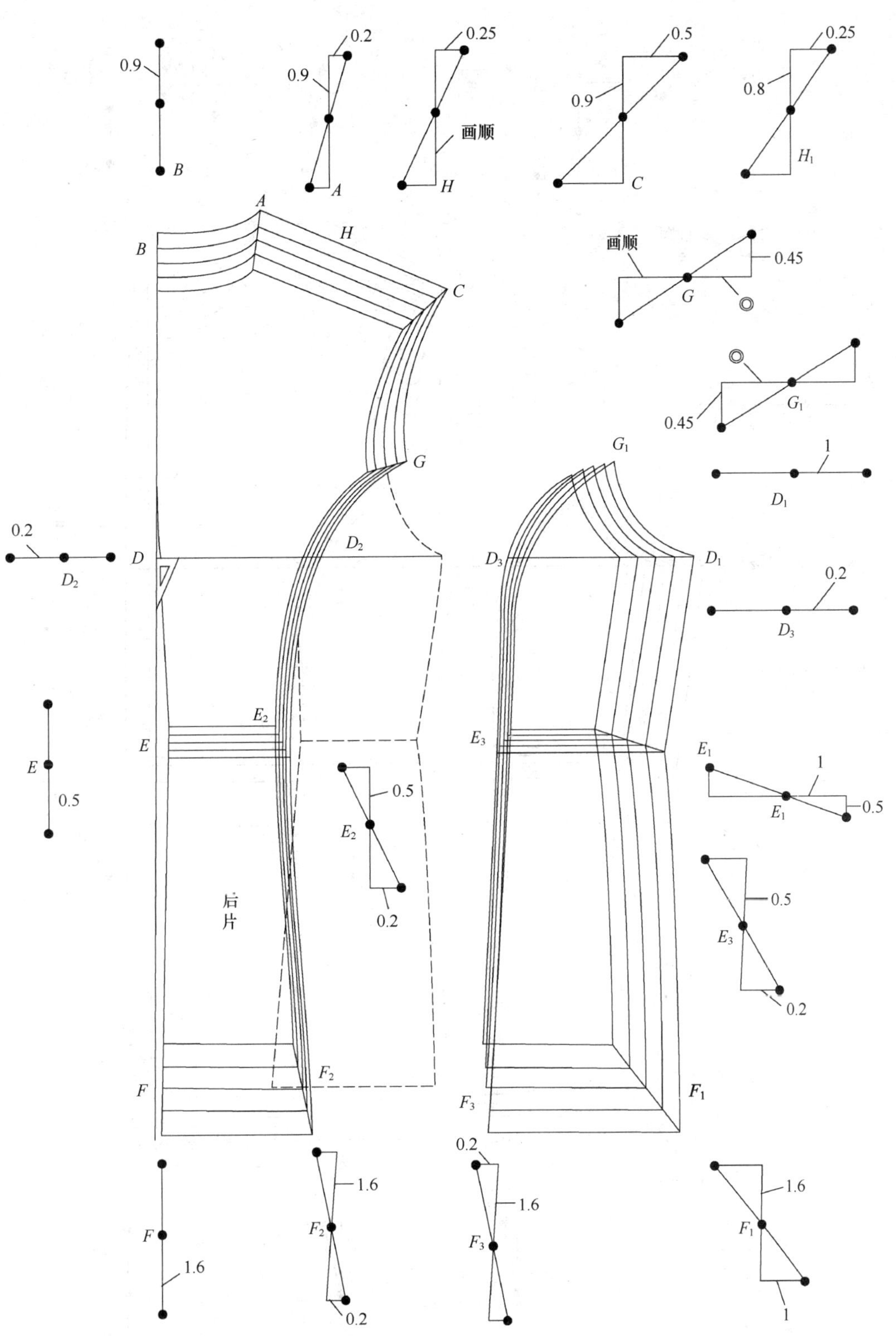

图 5—12　公主线分割女外套后片推板图

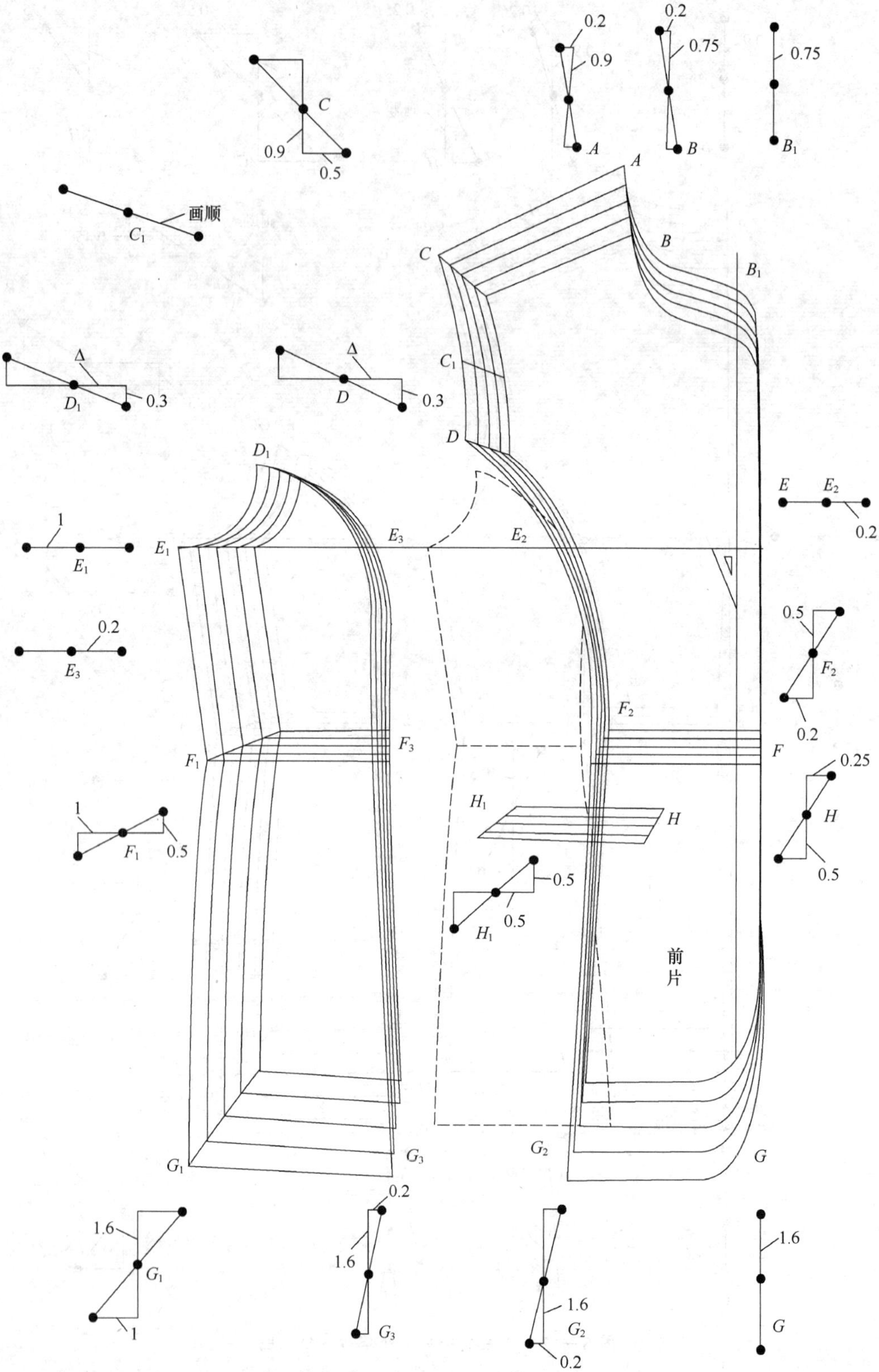

图 5—13　公主线分割女外套前片推板图

公主线分割女外套袖片及零部件推板图如图 5—14 所示。

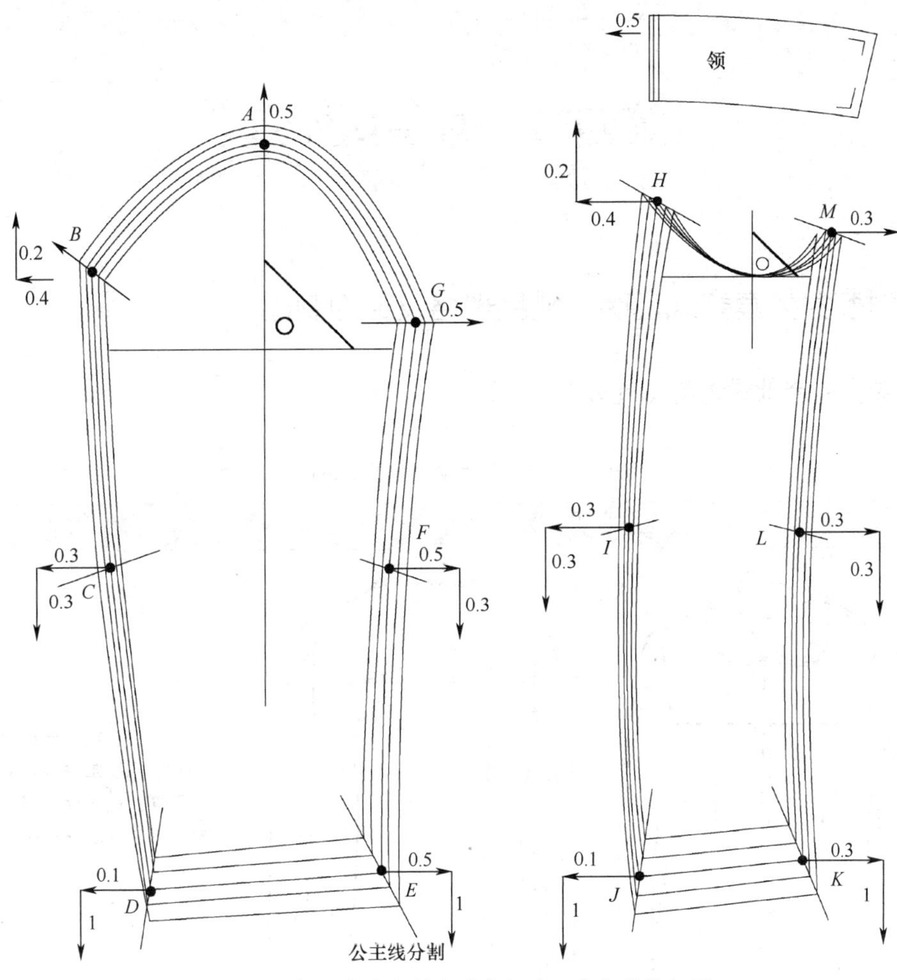

图 5—14　公主线分割女外套袖片及零部件推板图

重点提示

1. 注意袖山弧线的缩放。
2. 注意领子对位刀口点的缩放。
3. 连线时注意线条圆顺。
4. 样板缩放之后要检查各号型之间的档差。

第四节　时装女外套

一、时装女外套款式说明、成品规格及结构制图

1. 时装女外套款式说明（见表 5—19）

表 5—19　时装女外套款式说明

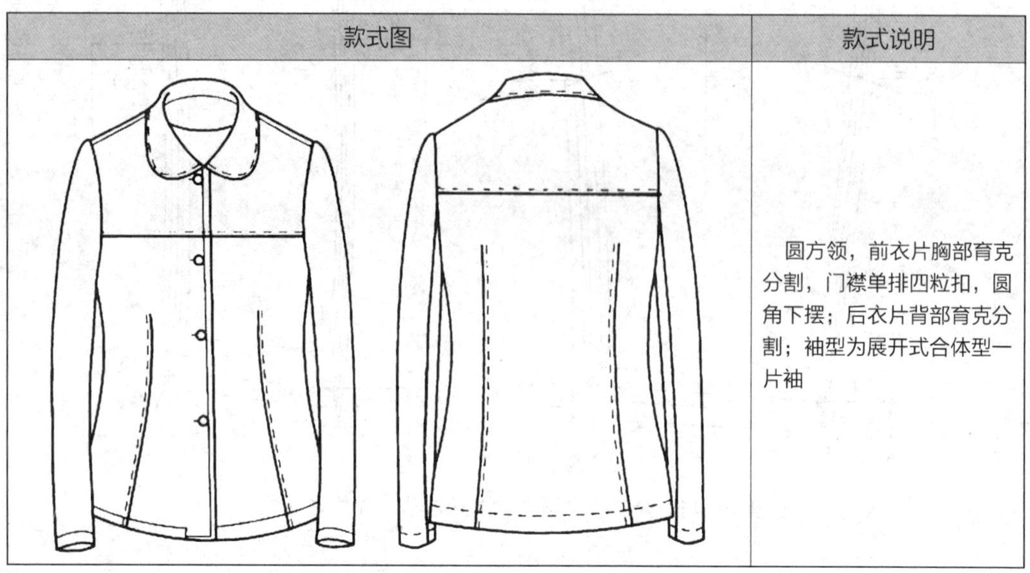

款式图	款式说明
	圆方领，前衣片胸部育克分割，门襟单排四粒扣，圆角下摆；后衣片背部育克分割；袖型为展开式合体型一片袖

2. 时装女外套成品规格（见表 5—20）

表 5—20　时装女外套成品规格　　　单位：cm

号型	部位	后衣长	胸围	肩宽	袖长	袖口
165/88A	规格	66	102	42	57	14

3. 时装女外套结构制图

时装女外套前、后片结构制图如图 5—15 所示。

时装女外套袖片结构制图如图 5—16 所示。

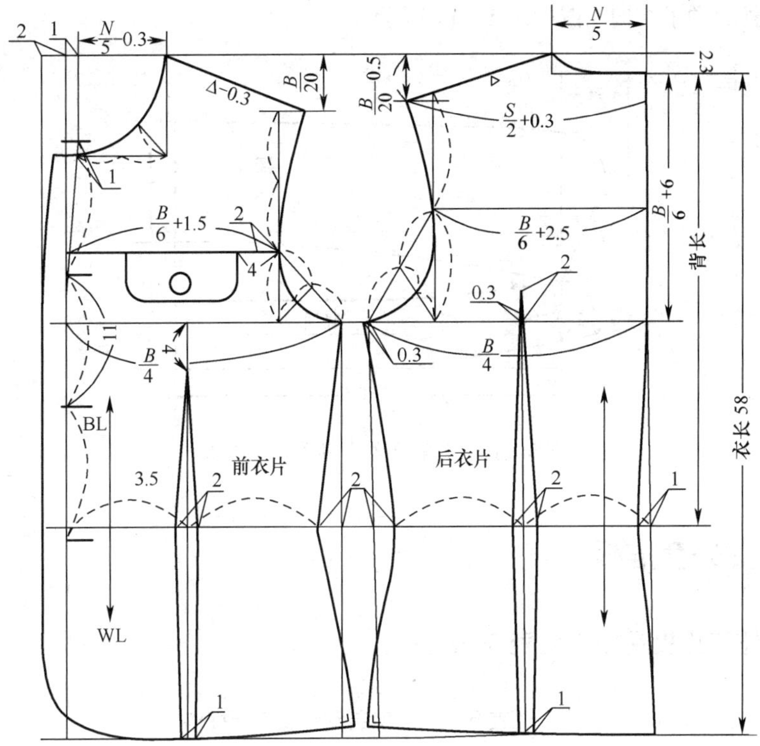

图 5—15　时装女外套前、后片结构制图

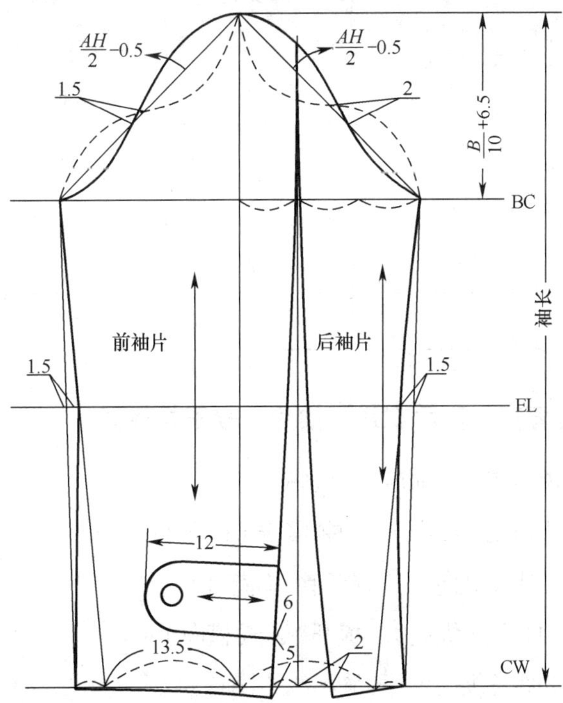

图 5—16　时装女外套袖片结构制图

时装女外套领子结构制图如图 5—17 所示。

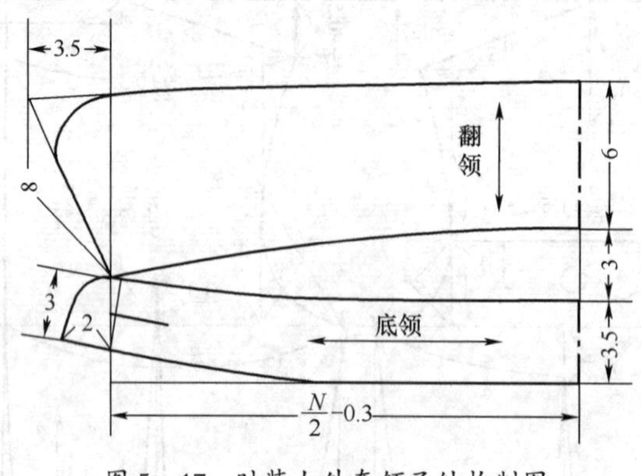

图 5—17　时装女外套领子结构制图

二、时装女外套推板

1. 时装女外套推板规格（见表 5—21）

表 5—21　时装女外套推板规格　　单位：cm

部位 \ 规格 \ 号型	160/84	165/88	170/92	档差
胸围	98	102	106	4
后衣长	63.5	66	68.5	2.5
肩宽	41	42	43	1
袖长	55.5	57	58.5	1.5
袖口	13.5	14	14.5	0.5

2. 时装女外套前后育克、前后衣片、袖片、领子推板图

（1）时装女外套前后育克、前后衣片推板图

前育克公共线：止口线（纵向）　前领窝线（横向）

前片公共线：止口线（纵向）　胸围线（横向）

后育克公共线：中心线（纵向）　横开领线（横向）

后片公共线：中心线（纵向）　胸围线（横向）

坐标原点：三角板（见推板图 5—18）

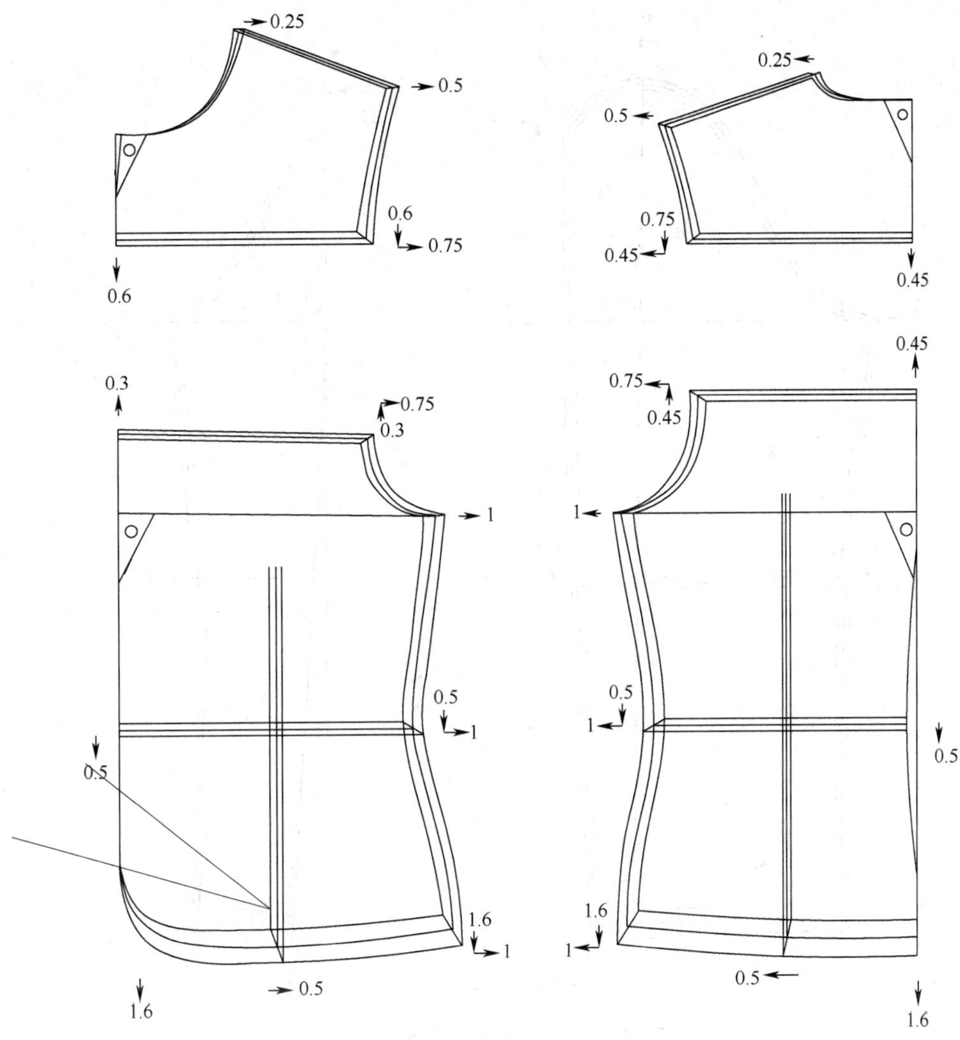

图 5—18　时装女外套前后育克、前后衣片推板图

（2）时装女外套袖片推板图

大袖片公共线：袖中心线（纵向）　袖肥线（横向）

小袖片公共线：分割线（纵向）　　袖肥线（横向）

坐标原点：三角板（见推板图 5—19）

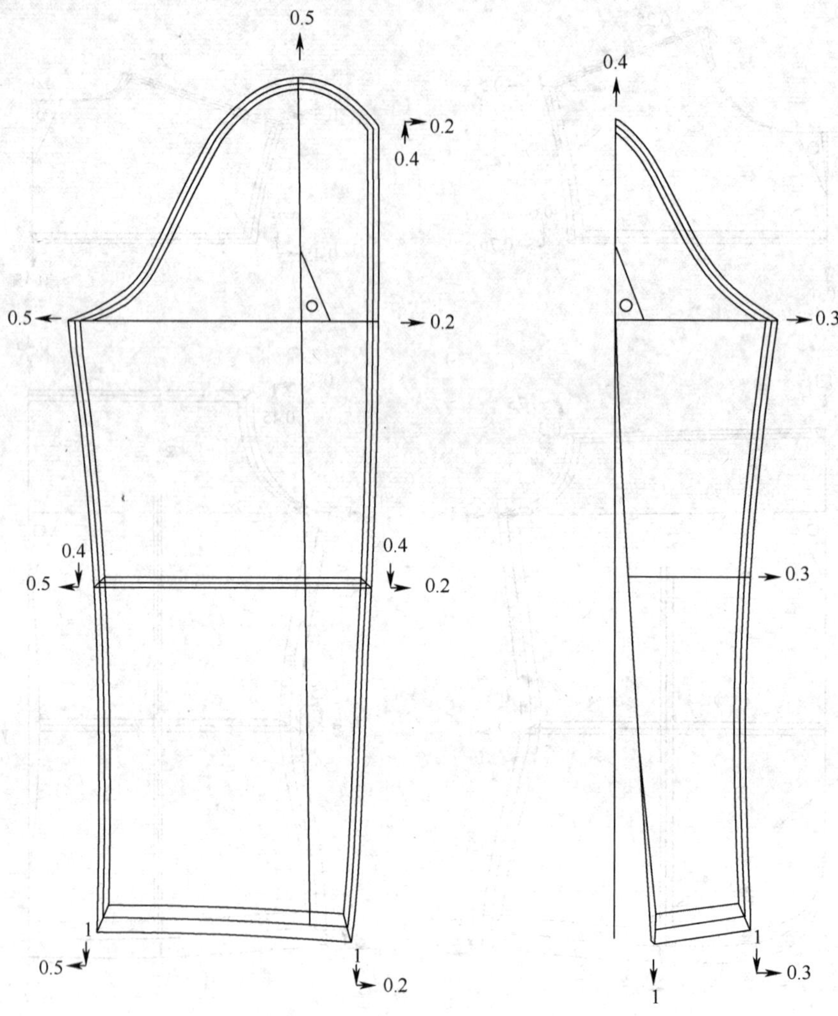

图 5—19　时装女外套袖片推板图

（3）时装女外套领子推板图（见图 5—20）

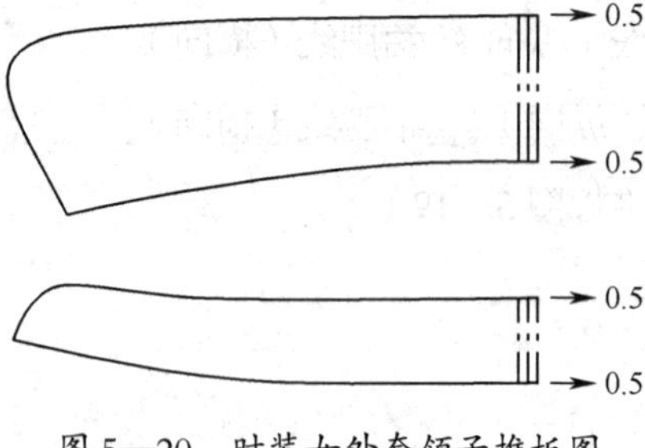

图 5—20　时装女外套领子推板图

重点提示

1. 注意领圈、袖窿、袖山弧线的缩放。
2. 注意前后育克分割线的纵向分割比例。
3. 连线时注意线条圆顺。
4. 样板缩放之后要检查各号型之间的档差。

思考与练习

1. 画出本章所介绍女衬衫的推板图（1∶1 大图或 1∶5 小图）。
2. 画出本章所介绍男衬衫的推板图（1∶1 大图或 1∶5 小图）。
3. 画出本章所介绍公主线分割女外套的推板图（1∶1 大图或 1∶5 小图）。
4. 画出本章所介绍时装女外套的推板图（1∶1 大图或 1∶5 小图）。

第六章
三开身上衣制板与推板

三开身上衣是上衣品类中最合体的服装，其结构最复杂，难度也最大。本章介绍男西服、女西服、女三开身时装等不同款式三开身上衣的推板方法。

学习目标

1. 熟悉三开身上衣的结构组合特征。

2. 掌握三开身上衣主要控制部位的档差规格，理清每一个裁片控制部位的横向、纵向档差总量。

3. 能够找准本章所介绍的不同款式三开身上衣的横向、纵向公共线。

4. 掌握本章所介绍的不同款式三开身上衣的前后片推板计算方法及根据。

5. 掌握本章所介绍的不同款式三开身上衣的前后片推板图画法。

第一节 男 西 服

一、男西服款式说明、成品规格及结构制图

1. 男西服款式说明（见表6—1）

表6—1 男西服款式说明

款式图	款式说明
	单排扣、平驳领是男西服的基本款式。前片大袋为双嵌线有盖开袋，左胸一只手巾袋，门襟单排两粒扣，左驳头有一插花眼，腰节处收胸省及胁省，胁省为通省，圆角下摆。袖型为圆装袖，袖口处开衩，钉装饰扣各三粒

2. 男西服成品规格（见表6—2）

表6—2 男西服成品规格 单位：cm

号型	部位	衣长	胸围	肩宽	袖长	前腰节长	AH
170/88A	规格	72	106	44.6	58.5	42	52

3. 男西服结构制图（见图 6—1）

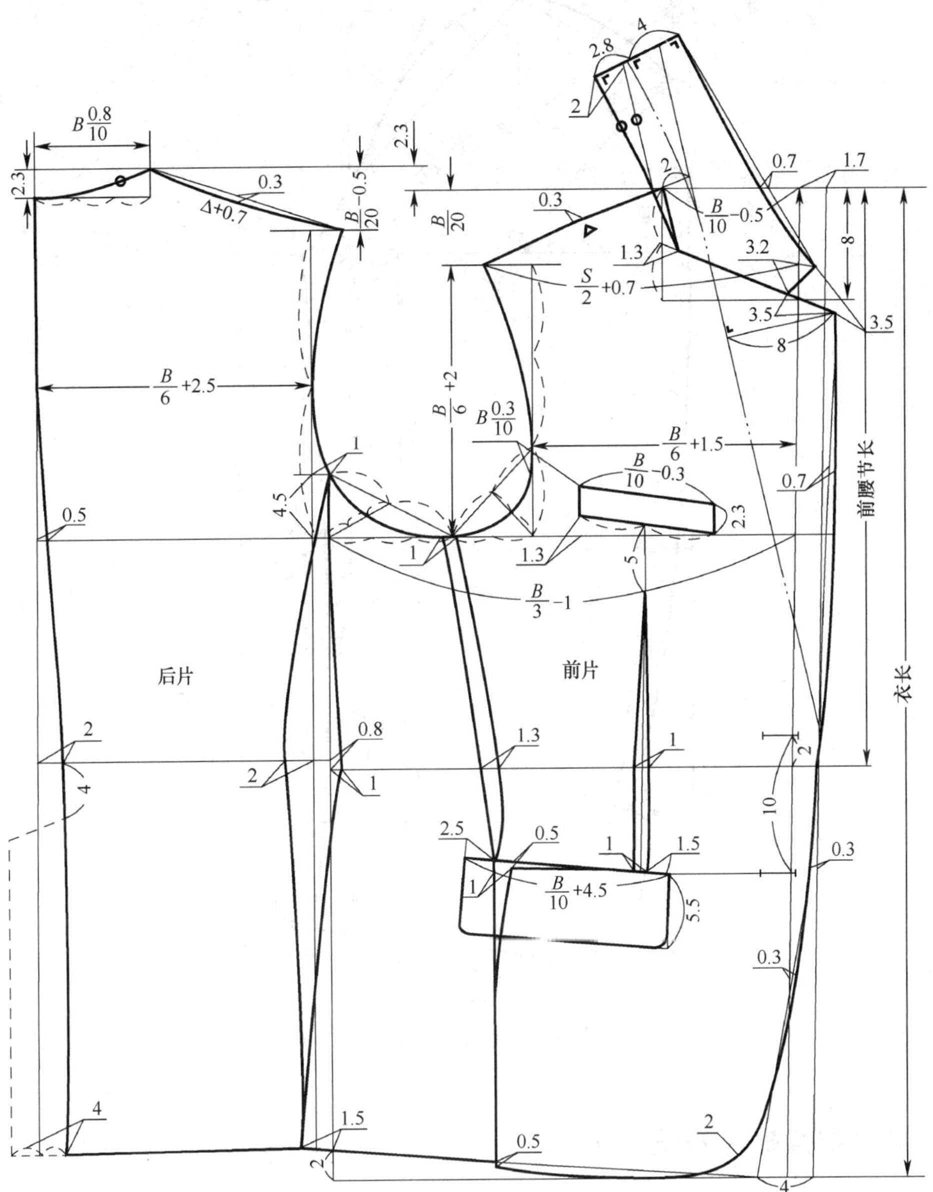

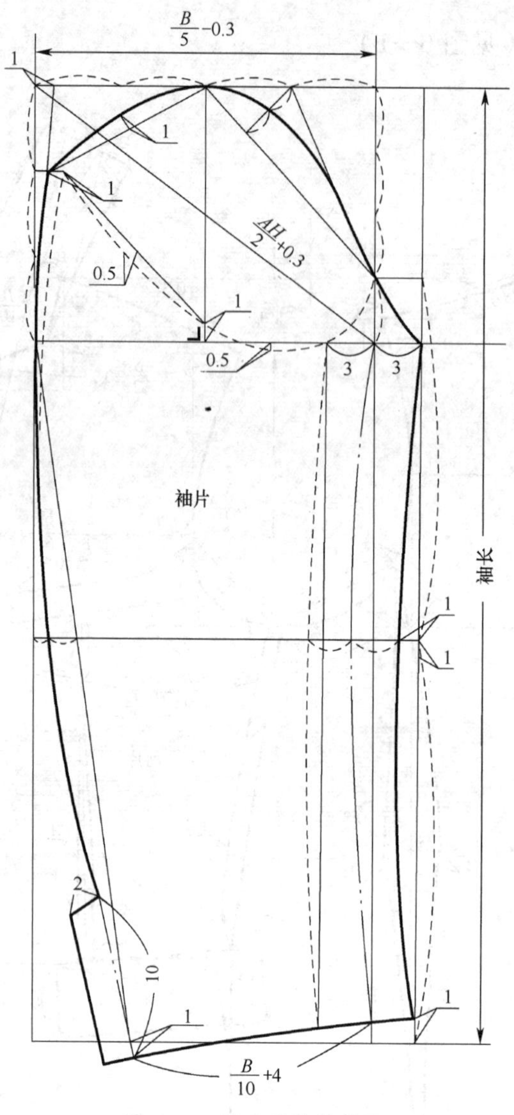

图 6—1　男西服结构制图

二、男西服推板（方法一）

1. 男西服推板规格表（见表 6—3）

表 6—3　男西服推板规格表　　单位：cm

规格 部位 \ 号型	160/80	165/84	170/88	175/92	180/96	档差
衣长	68	70	72	74	76	2
胸围	98	102	106	110	114	4

续表

规格 号型 部位	160/80	165/84	170/88	175/92	180/96	档差
肩宽	42.2	43.4	44.6	45.8	47	1.2
袖长	55.5	57	58.5	60	61.5	1.5
袖口	13.8	14.2	14.6	15	15.4	0.4
前腰节长	40	41	42	43	44	1

2. 男西服前片推板计算方法及根据（见表 6—4）

表 6—4　男西服前片推板计算方法及根据

纵向公共线：前胸宽线

横向公共线：胸围线

坐标原点：三角板（见推板图 6—2）　　单位：cm

部位代号	扩号方向	推板数	计算方法及根据
A	纵向向上 横向向左	0.7 0.3	根据 1.5/10 胸围档差 +0.1=0.7 来分配 根据半肩宽档差（0.6）/2=0.3 来分配
B	纵向向上 横向向左	0.5 0.6	根据 *A* 向上档差（0.7）− 落肩档差 *B*/20（0.2）=0.5 来分配 根据肩宽档差 /2=0.6
C	纵向向上 横向向左	0.17 0.6	根据袖窿深档差（0.5）的 1/3=0.17 来分配 根据胸宽档差 1.5/10*B*=0.6 来分配
D	纵向不推移 横向向左	0 0.9	根据胸宽档差（0.6）+ 袖窿宽档差 *B*/5 的 1/3=0.9
E	纵向向上 横向向左	0.1 1.4	可不推移 根据前胸围档差（3.5/10*B*）=1.4 来分配
F	纵向不推移 横向向左	0 1.4	同 *E*
G	纵向向下 横向向左	0.3 1.4	根据背长档差（1）−*A* 向上档差（0.7）=0.3 来分配 同 *E*
H	纵向向下 横向向左	1.3 1.4	根据衣长档差（2）−*A* 向上档差（0.7）=1.3 来分配 同 *E*
I	纵向向下 横向向左	1.3 0.9	同 *H* 同 *D*
J	纵向向下 横向不推移	1.3 0	同 *H*
K	纵向向下 横向不推移	0.3 0	同 *G*

续表

部位代号	扩号方向	推板数	计算方法及根据
L	纵向向上 横向向左	0.5 0.3	根据 *A* 向上档差（0.7）－直领档差（0.2）=0.5 来分配 根据 *A* 横向档差（0.3）来分配或不推移
M	纵向向上 横向向左	0.5 0.3	同 *L* 同 *L*
N	纵向向下 横向向左	0.3 0.9	同 *G* 同 *D*
O	纵向向下 横向向左	0.5 0.9	根据 *G* 纵向档差（0.3）+ 背长档差 /5（0.2）=0.5 来分配 同 *D*
P	纵向不推移 横向向左	0 0.5	根据胸宽档差（0.6）－横向袋位档差 0.3/10（0.1）=0.5 来分配
Q	纵向不推移 横向向左	0 0.2	根据 *O* 向左档差（0.5）－手巾袋口大档差（0.3）=0.2 来分配
R	纵向不推移 横向向左	0 0.3	根据胸宽档差（0.6）/2=0.3 来分配
S	纵向向下 横向向左	0.5 0.3	同 *O* 根据 *P* 横向档差 −*Q* 横向档差 =0.3 来分配
T	纵向向下 横向向左	0.5 0.3	同 *O* 同 *R*，袋口大在后端调整
U	纵向向下 横向不推移	0.3 0	同 *G*
V	纵向向下 横向不推移	0.5 0	同 *T*

3. 男西服后片推板计算方法及根据（见表 6—5）

表 6—5　男西服后片推板计算方法及根据

纵向公共线：背中心线

横向公共线：胸围线

坐标原点：三角板（见推板图 6—2）

单位：cm

部位代号	扩号方向	推板数	计算方法及根据
A	纵向向上 横向向右	0.7 0.3	同前片 *A* 根据后横领档差 (0.8/10*B*)/2=0.3 来分配
B	纵向向上 横向不推移	0.65 0	根据 *A* 向上档差 (0.7)−0.05=0.65 来分配

续表

部位代号	扩号方向	推板数	计算方法及根据
C	纵向向下 横向不推移	0.3 0	同前片 *G*
D	纵向向下 横向不推移	1.3 0	根据衣长档差 (2)−*A* 向上档差 (0.7)=1.3 来分配
E	纵向向下 横向向右	1.3 0.6	同 *D* 根据后胸围档差 (1.5/10*B*)= 背宽档差 (1.5/10*B*) 来分配
F	纵向向下 横向向右	0.3 0.6	同 *C* 同 *E*
G	纵向不推移 横向向右	0 0.6	 同 *E*
H	纵向向上 横向向右	0.1 0.6	同前片 *E* 同 *E*
I	纵向向上 横向向右	0.25 0.6	根据袖窿深档差 (0.5)/2=0.25 来分配 同 *E*
J	纵向向上 横向向右	0.5 0.6	根据 *A* 向上档差 (0.7)− 落肩档差 *B*/20(0.2)=0.5 来分配 根据肩宽档差 /2=0.6 来分配

4. 男西服袖片推板计算方法及根据（见表 6—6）

表 6—6　男西服袖片推板计算方法及根据

纵向公共线：前袖缝基础线

横向公共线：袖山深线

坐标原点：三角板（见推板图 6—2）　　单位：cm

部位代号	扩号方向	推板数	计算方法及根据
A	纵向向上 横向向左	0.5 0.3	根据袖山深档差 *B*/10+0.1=0.5 来分配 根据袖肥档差 (0.6)/2=0.3 来分配
B	纵向向上 横向向左	0.3 0.6	根据袖山深档差的 2/3=0.3 来分配 根据袖肥档差 1.5/10*B*=0.6 来分配
C	纵向不推移 横向向左	0 0.6	 同 *B*
D	纵向向下 横向向左	0.5 0.5	根据袖口纵向档差 /2=0.5 来分配 根据（袖肥档差 0.6+ 袖口档差 0.4)/2=0.5 来分配
E	纵向向下 横向向左	1 0.4	根据袖长档差 (1.5)−*A* 向上档差 (0.5)=1 来分配 根据袖口档差 *B*/10=0.4 来分配

续表

部位代号	扩号方向	推板数	计算方法及根据
F	纵向向下 横向向左	1 0.4	同 *E* 同 *E*
G	纵向向下 横向不推移	1 0	同 *F*
H	纵向向下 横向不推移	0.5 0	同 *D*
I	纵向不推移 横向不推移	0 0	
J	纵向不推移 横向向左	0 0.3	同 *A*

5. 男西服推板图（见图 6—2）

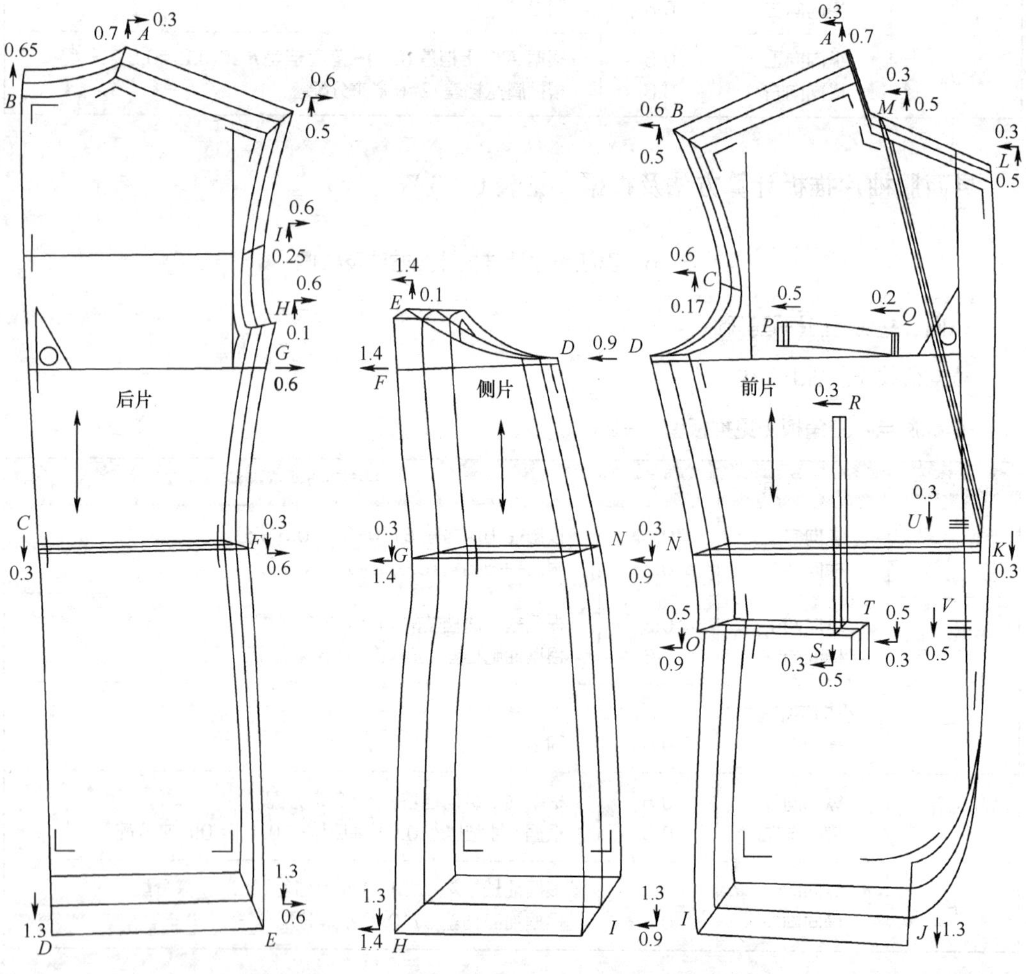

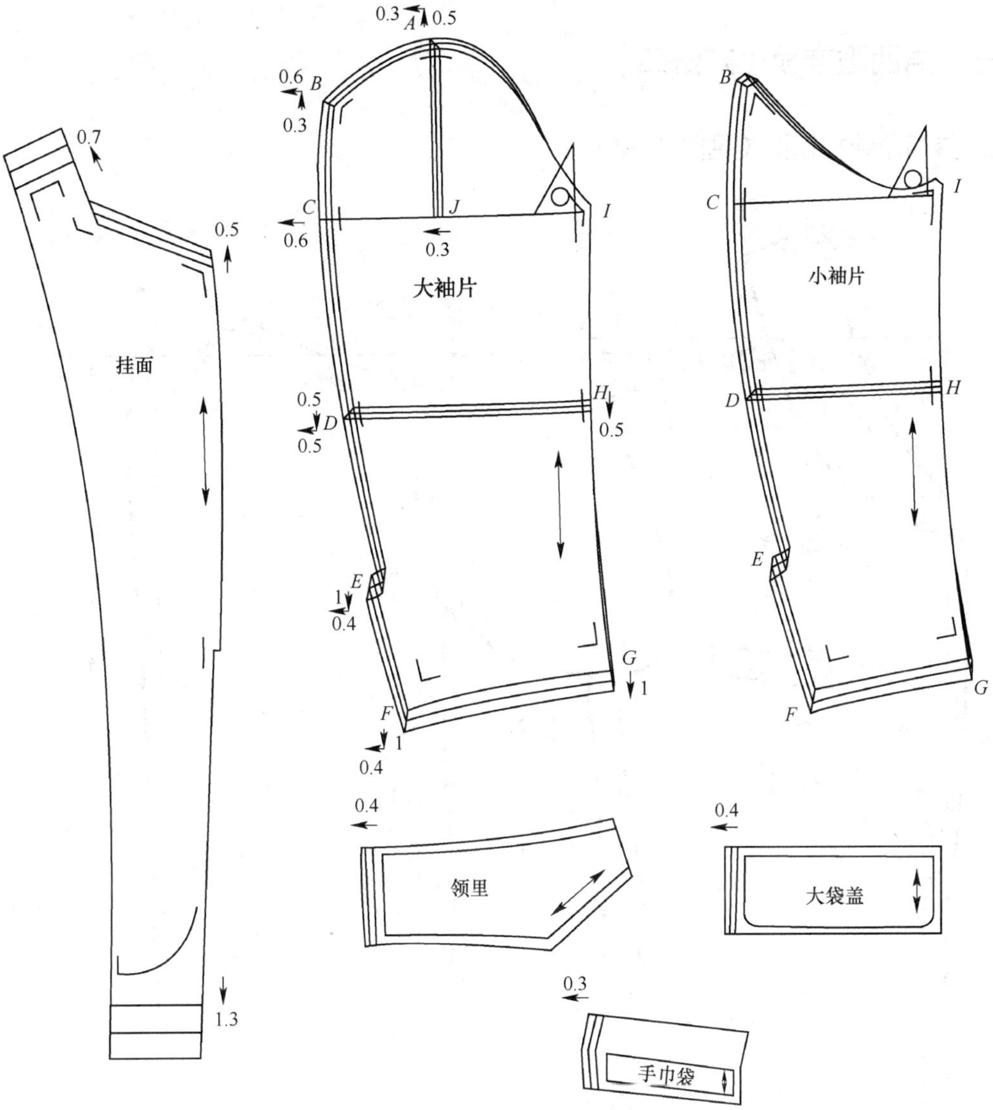

图 6—2　男西服推板图

重点提示

1. 注意领圈、袖窿、袖山弧线的缩放。
2. 注意前后腰节线的纵向分割比例。
3. 连线时注意线条圆顺。
4. 样板缩放之后要检查各号型之间的档差。

三、男西服推板（方法二）

1. 男西服结构制图（见图 6—3）

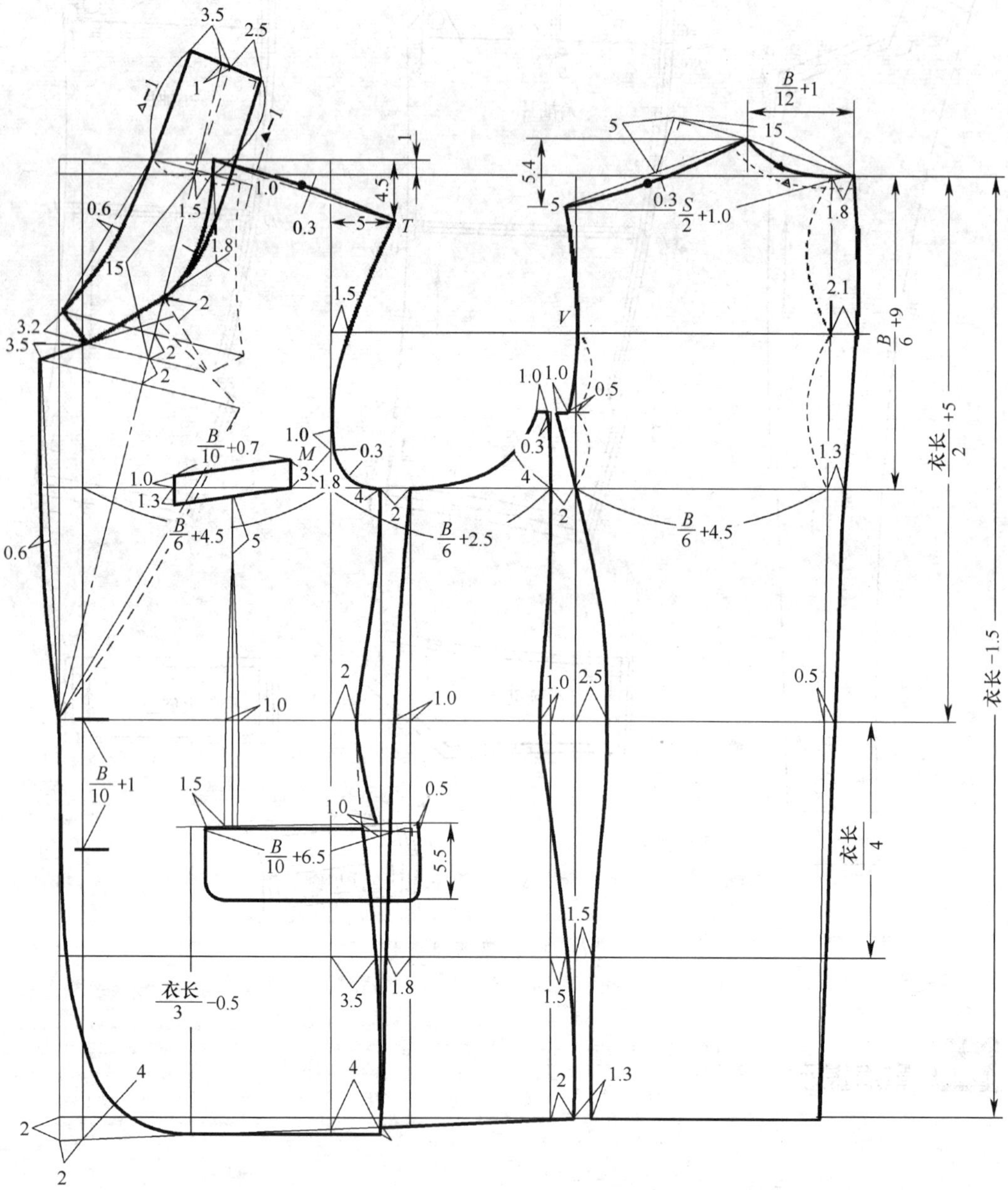

注：1. B 是人体胸围尺寸 90 cm。

2. 袖口贴边另加。

3. 大身的止口、底边、背缝、领圈为净缝。肩缝、袖窿、侧缝、省（分割）缝为毛缝。

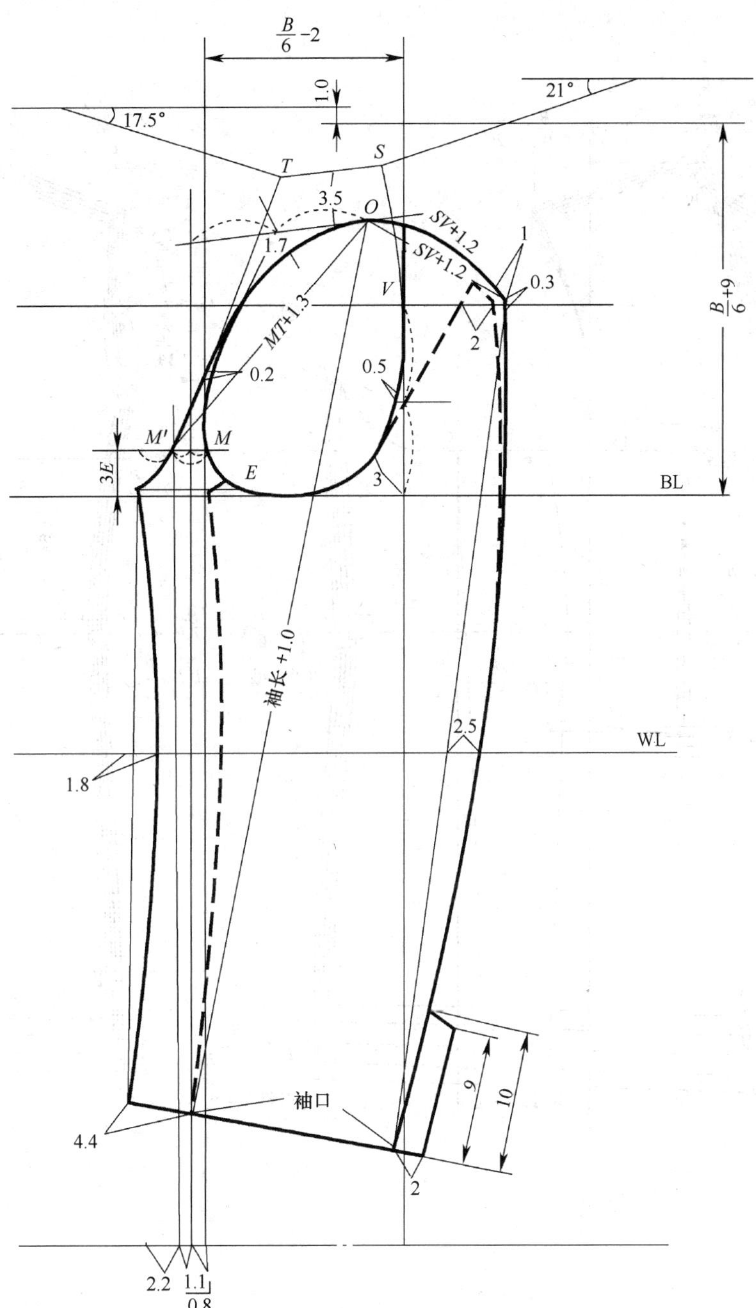

$\frac{B}{6}-2$
1.0
21°
17.5°
T
S
3.5
O
SV+1.2
SV+1.2
1
0.3
1.7
V
MT+1.3
2
$\frac{B}{6}+9$
0.2
0.5
M'
M
3E
E
3
BL
袖长+1.0
2.5
WL
1.8
9
10
袖口
4.4
2
2.2
1.1
0.8

图 6—3　男西服结构制图

2. **男西服推板图（见图 6—4）**

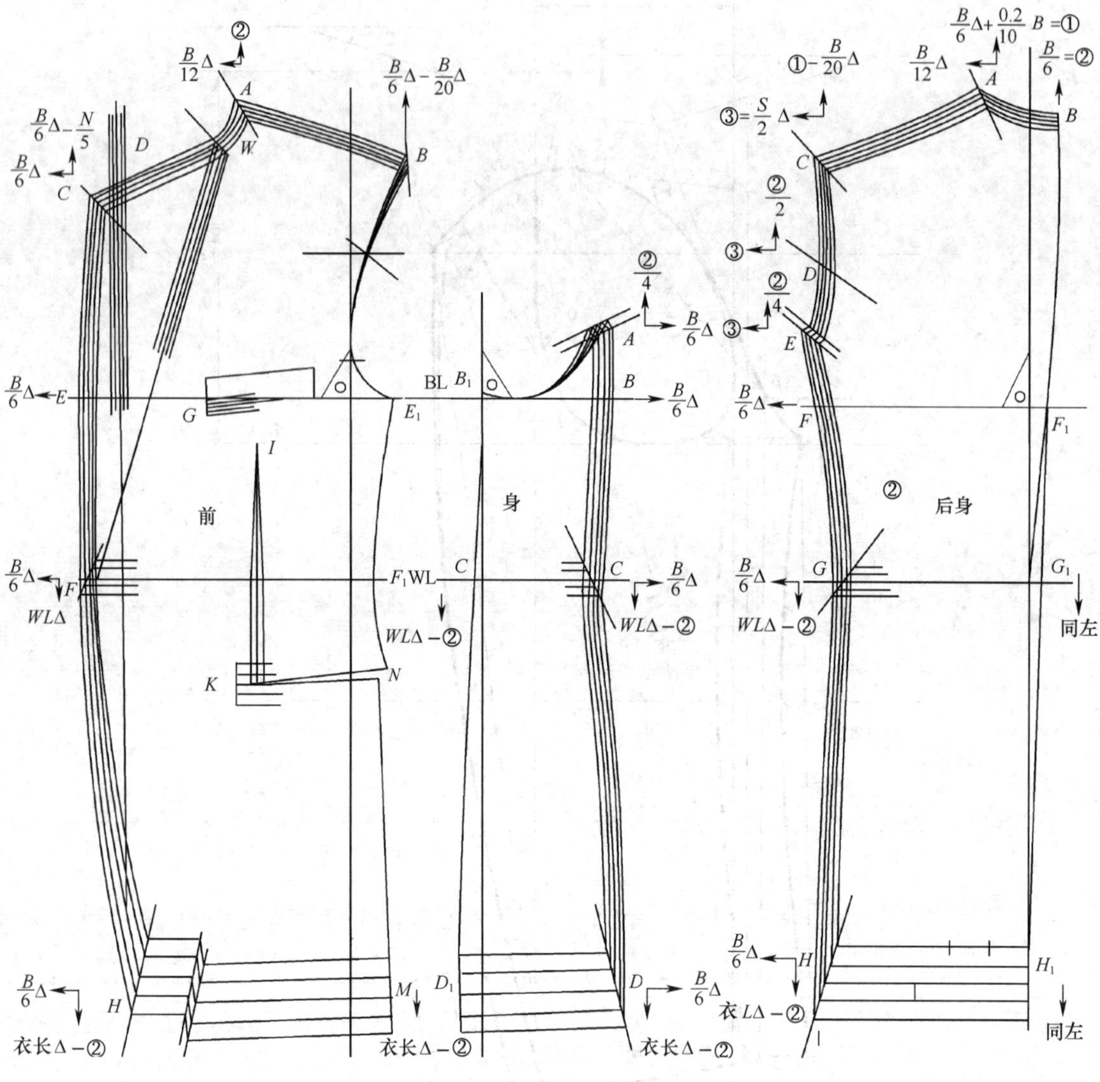

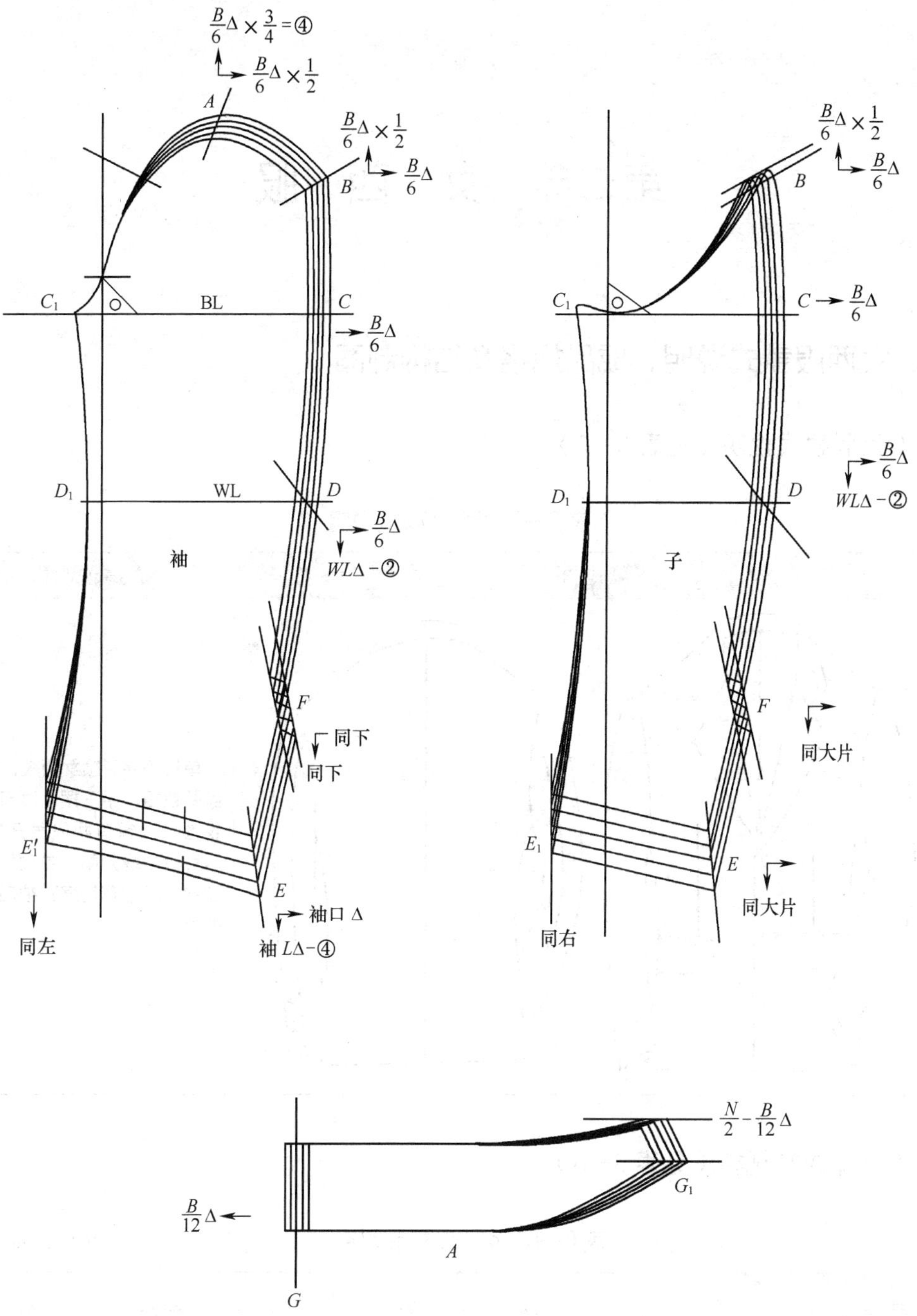
$\frac{B}{6}\Delta\times\frac{3}{4}=$④
$\frac{B}{6}\Delta\times\frac{1}{2}$
A
$\frac{B}{6}\Delta\times\frac{1}{2}$
$\frac{B}{6}\Delta$
B
C_1
BL
C
$\frac{B}{6}\Delta$
D_1
WL
D
$\frac{B}{6}\Delta$
$WL\Delta-$②
袖
F
同下
同下
E_1'
E
袖口 Δ
袖 $L\Delta-$④
同左
$\frac{B}{6}\Delta\times\frac{1}{2}$
B
$\frac{B}{6}\Delta$
C_1
C
$\frac{B}{6}\Delta$
$\frac{B}{6}\Delta$
D_1
D
$WL\Delta-$②
子
F
同大片
E_1
E
同大片
同右
$\frac{N}{2}-\frac{B}{12}\Delta$
G_1
$\frac{B}{12}\Delta$
A
G

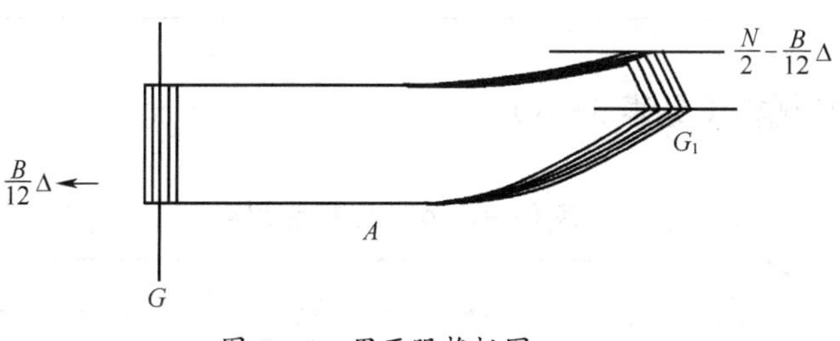

图 6—4　男西服推板图

第二节 女 西 服

一、女西服款式说明、成品规格及结构制图

1. 女西服款式说明（见表 6—7）

表 6—7 女西服款式说明

款式图	款式说明
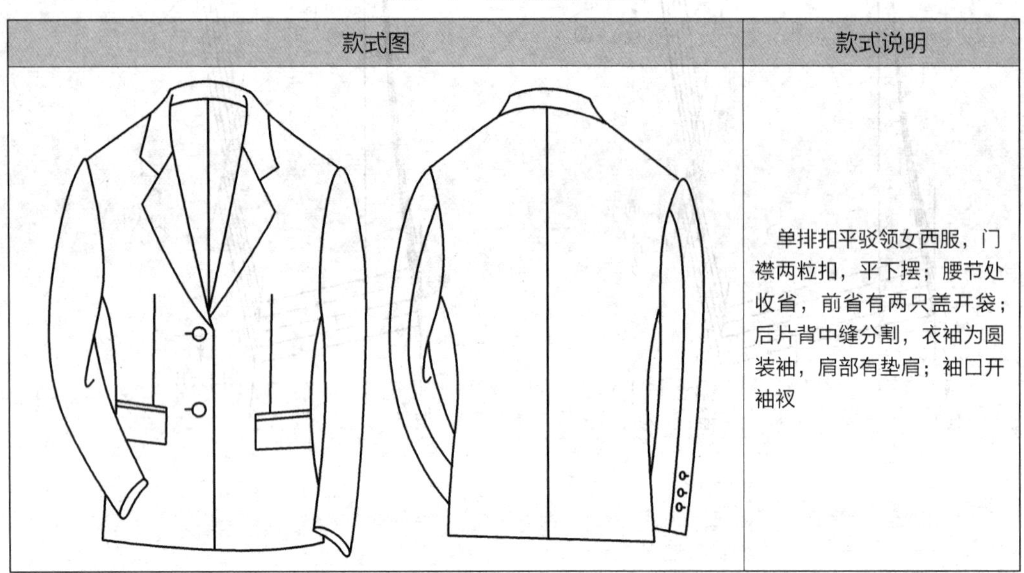	单排扣平驳领女西服，门襟两粒扣，平下摆；腰节处收省，前省有两只盖开袋；后片背中缝分割，衣袖为圆装袖，肩部有垫肩；袖口开袖衩

2. 女西服成品规格（见表 6—8）

表 6—8 女西服成品规格 单位：cm

号型	部位	衣长	胸围	肩宽	袖长	前腰节长	AH
160/84A	规格	66	96	40	54	39	46

3. 女西服结构制图（见图 6—5）

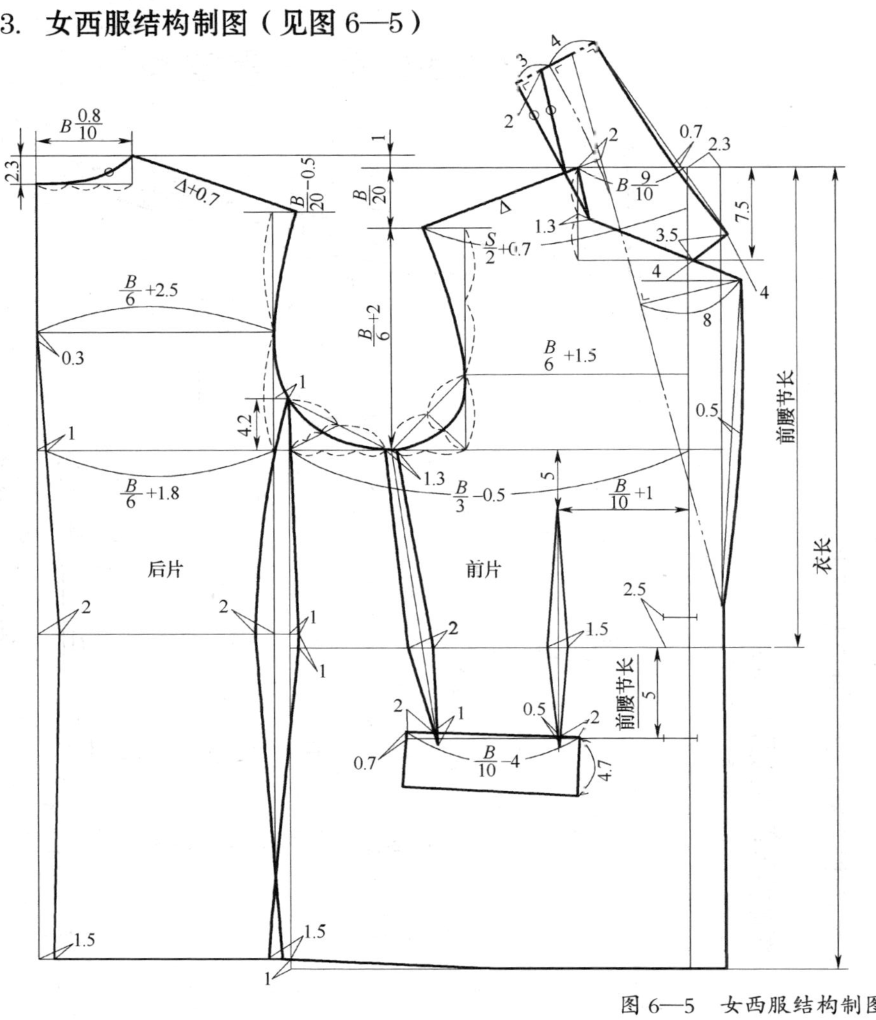

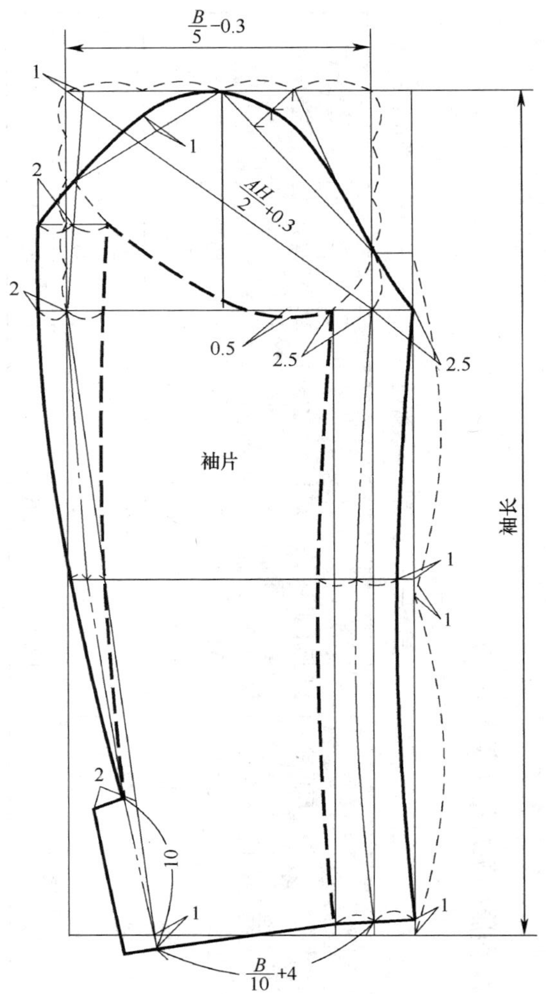

图 6—5　女西服结构制图

二、女西服推板

1. 女西服推板规格（见表 6—9）

表 6—9 女西服推板规格　　　　单位：cm

部位 \ 规格 \ 号型	150/76	155/80	160/84	165/88	170/92	档差
衣长	62	64	66	68	70	2
胸围	88	92	96	100	104	4
肩宽	37.6	38.8	40	41.2	42.4	1.2
袖长	51	52.5	54	55.5	57	1.5
袖口	12.8	13.2	13.6	14	14.4	0.4

2. 女西服推板计算方法及根据

女西服推板计算方法及根据与男西服相同。

3. 女西服推板图（见图 6—6）

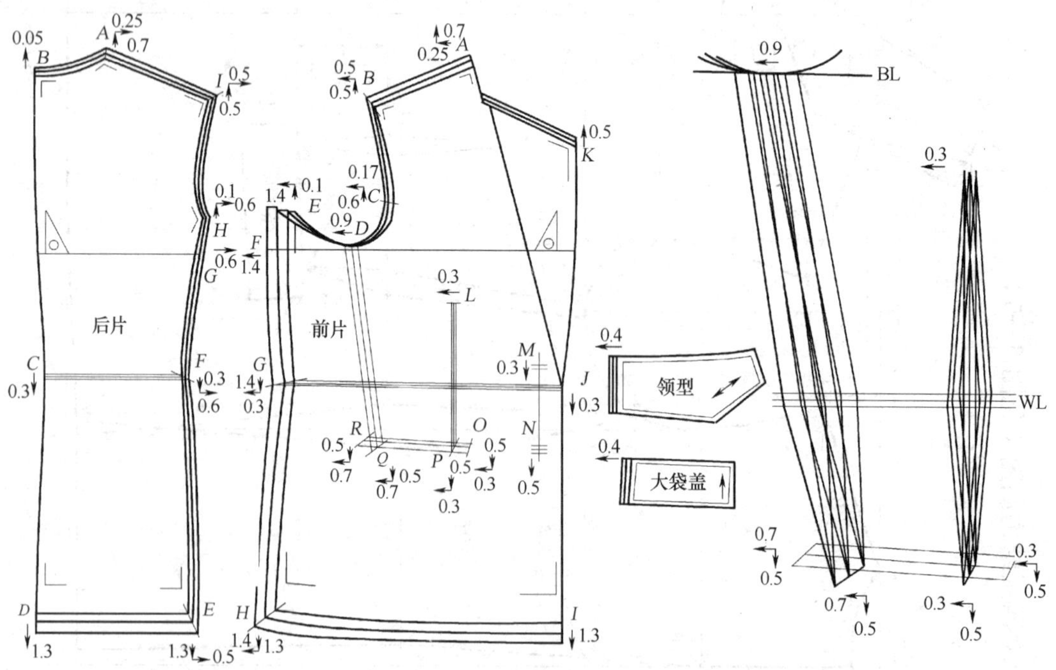

图 6—6 女西服推板图

第三节　女三开身时装

一、女三开身时装款式说明、成品规格及结构制图

1. 女三开身时装款式说明（见表 6—10）

表 6—10　女三开身时装款式说明

款式图	款式说明
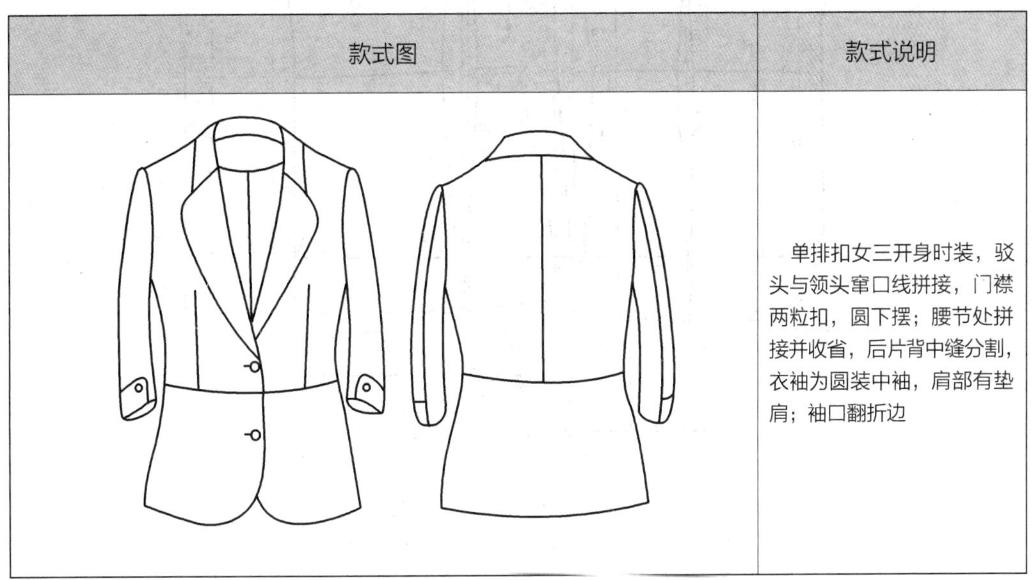	单排扣女三开身时装，驳头与领头窜口线拼接，门襟两粒扣，圆下摆；腰节处拼接并收省，后片背中缝分割，衣袖为圆装中袖，肩部有垫肩；袖口翻折边

2. 女三开身时装成品规格（见表 6—11）

表 6—11　女三开身时装成品规格　　单位：cm

号型	部位	衣长	胸围	肩宽	背长	袖长	AH
160/84A	规格	70	94	40	39	40	46

3. 女三开身时装结构制图（见图 6—7）

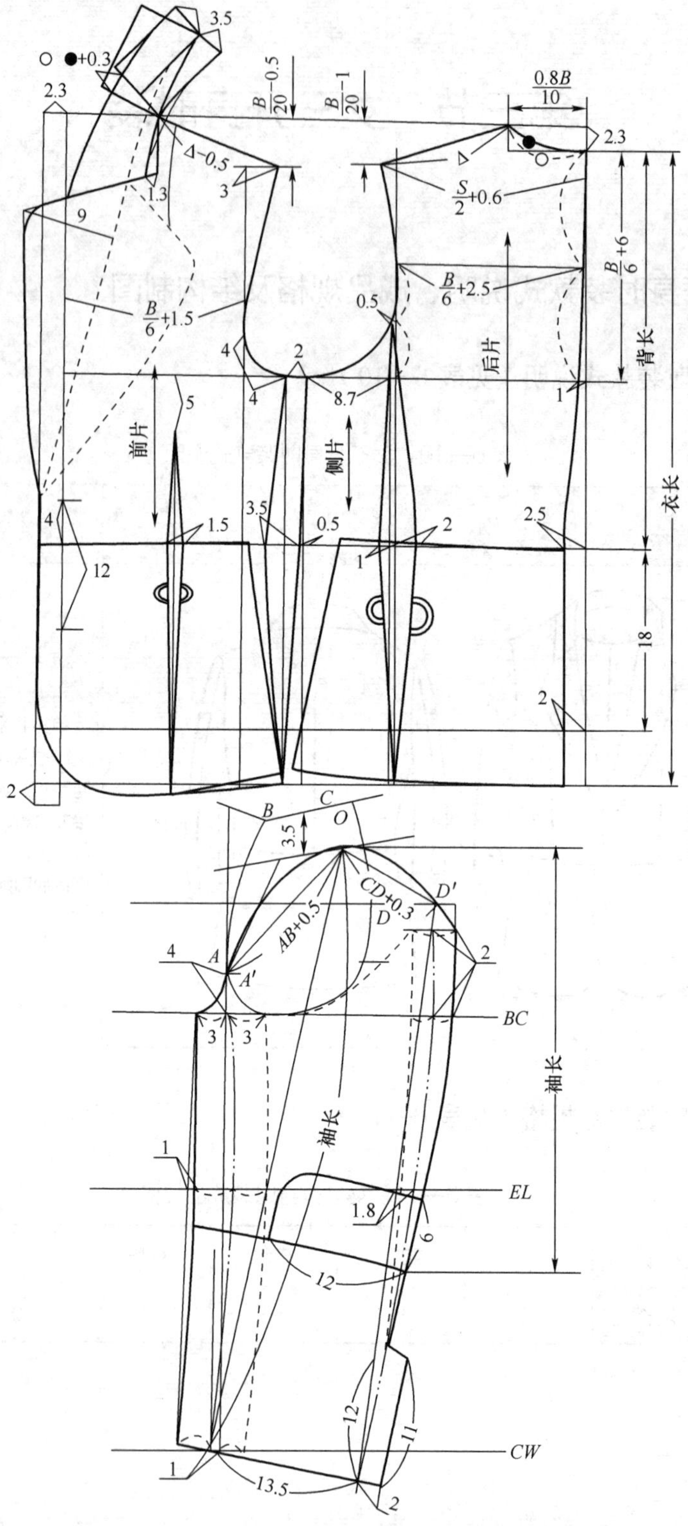

图 6—7　女三开身时装结构制图

二、女三开身时装推板

1. 女三开身时装推板规格（见表6—12）

表6—12　女三开身时装推板规格　　单位：cm

部位＼规格＼号型	150/76	155/80	160/84	165/88	170/92	档差
衣长	66	68	70	72	74	2
胸围	86	90	94	98	102	4
肩宽	37.6	38.8	40	41.2	42.4	1.2
背长	37	38	39	40	41	1
袖长	38	39	40	41	42	1

2. 女三开身时装前衣片、侧衣片、后衣片、前下片、后下片、袖片、领子推板图

（1）女三开身时装前衣片、侧衣片、后衣片、前下片、后下片推板图

前衣片公共线：胸宽线（纵向）　胸围线（横向）

侧衣片公共线：前侧缝线（纵向）胸围线（横向）

后衣片公共线：背中线（纵向）　胸围线（横向）

前下片公共线：止口线（纵向）　腰节线（横向）

后下片公共线：背中线（纵向）　腰节线（横向）

坐标原点：三角板（见推板图6—8）　　单位：cm

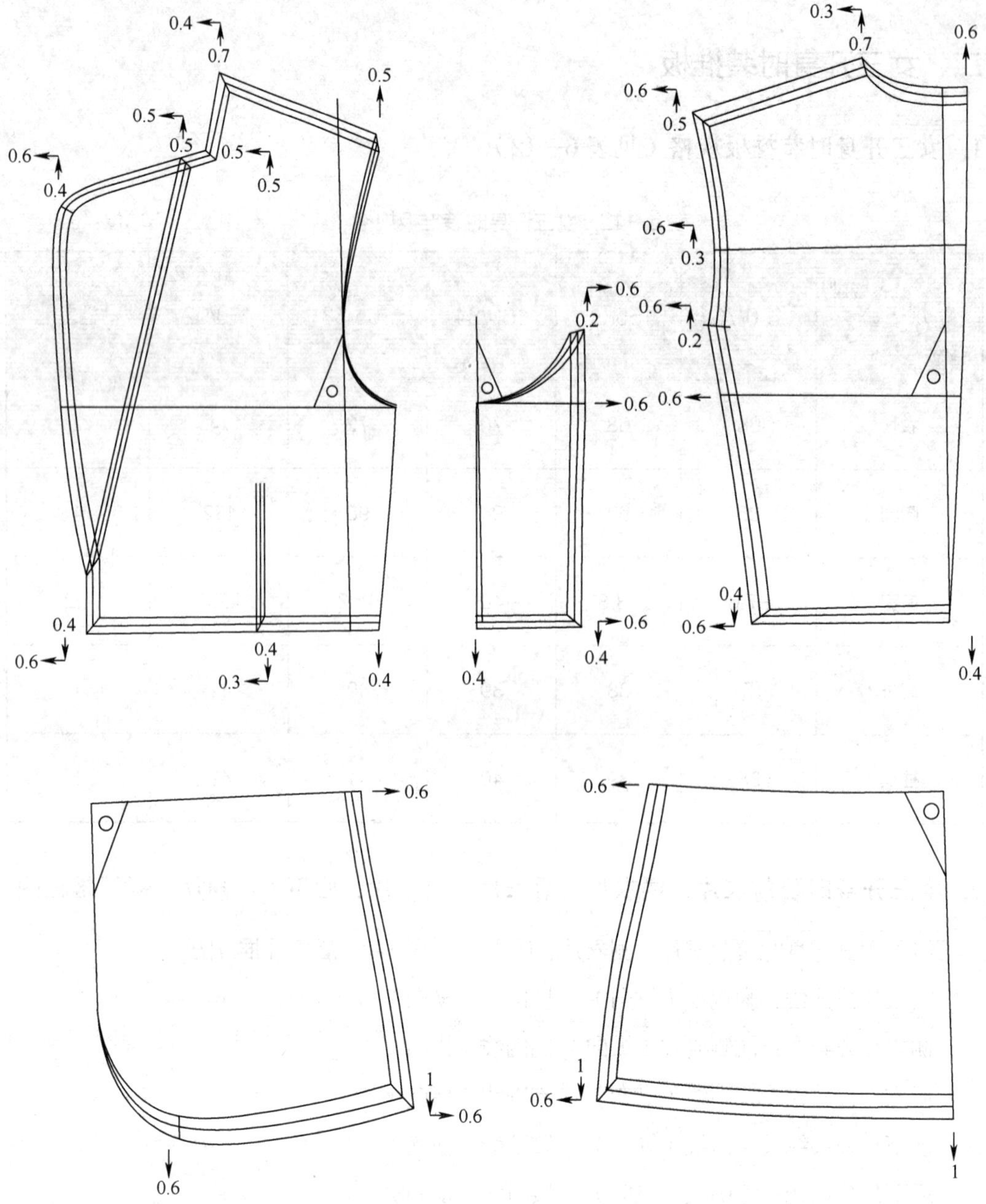

图 6—8　女三开身时装前衣片、侧衣片、后衣片、前下片、后下片推板图

（2）女三开身时装袖片、领子推板图

大袖片公共线：前袖缝基础线（纵向）　袖山深线（横向）

小袖片公共线：前袖缝基础线（纵向）　袖山深线（横向）

坐标原点：三角板（见推板图 6—9）　　单位：cm

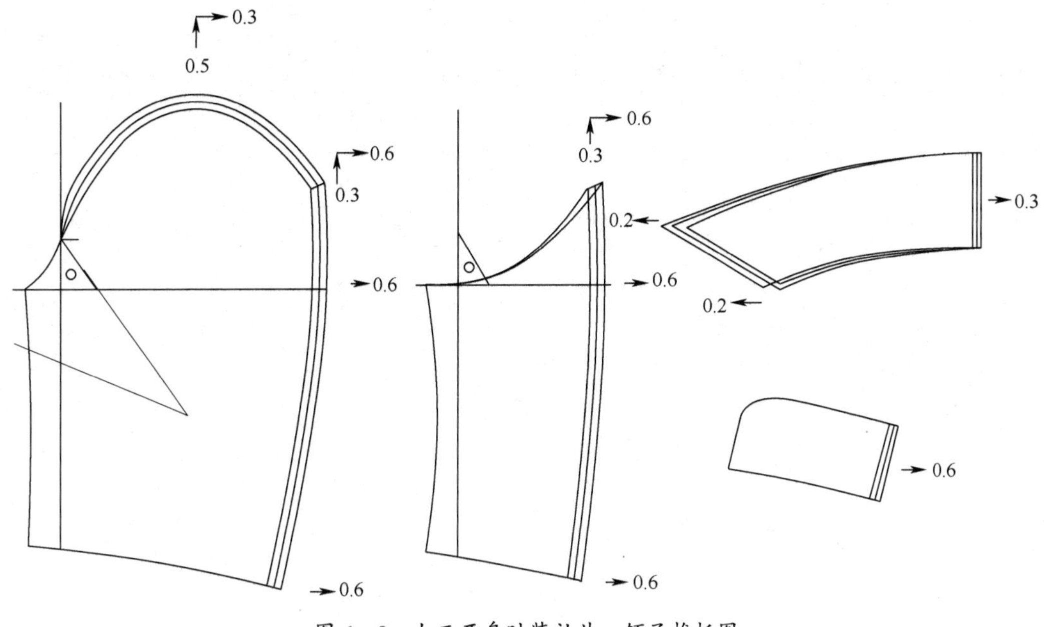

图 6—9　女三开身时装袖片、领子推板图

重点提示

1. 注意领圈、驳头、袖窿、袖山弧线的缩放。
2. 注意前后腰节线的纵向分割比例。
3. 连线时注意线条圆顺。
4. 样板缩放之后要检查各号型之间的档差。

思考与练习

1. 画出本章所介绍男西服的推板图（1∶1 大图或 1∶5 小图）。
2. 画出本章所介绍女西服的推板图（1∶1 大图或 1∶5 小图）。
3. 画出本章所介绍女三开身时装的推板图（1∶1 大图或 1∶5 小图）。

第七章

领、袖变化推板

服装款式的变化主要集中在领型和袖型上，因此，掌握常用变化领型、 袖型的推板非常重要。本章介绍多种领型、袖型的推板方法。

学习目标

1. 了解领、袖款式变化的类型和特点。
2. 掌握领、袖款式变化的推板方法。

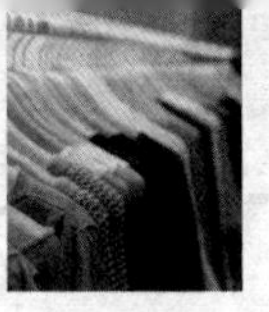

第一节　领

一、无领推板

无领是领子最基本的结构状态，如图 7—1 所示，图中虚线表示基本领口线，无领的推板可以应用定寸和比例关系确定档差，如图 7—2 所示。无领的推板方法也是领子、领口的推板方法。

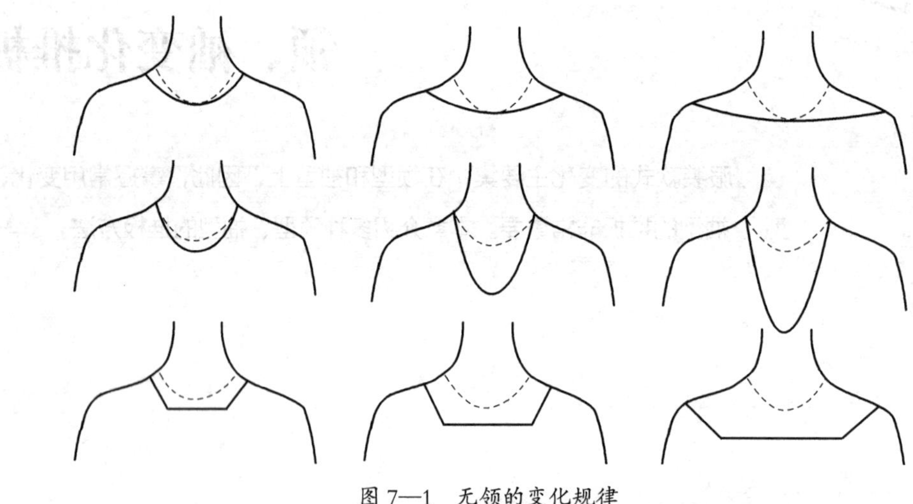

图 7—1　无领的变化规律

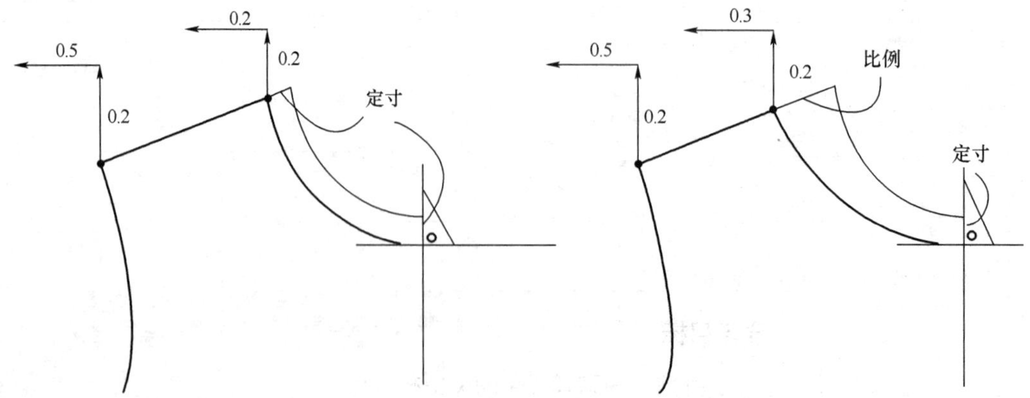

图 7—2　应用定寸和比例关系确定档差

二、立领推板

立领是将领面竖立在领围线的一种领型。立领既可以依脖颈而立，也可以与领部有较大的空间，形成挺拔舒适的风格。立领是体现东方风格的领型。中国传统的旗袍和长衫都采用立领。最基本的立领推板方法如图 7—3 所示，领面宽度不推板，领面长度档差应与领口档差相同。

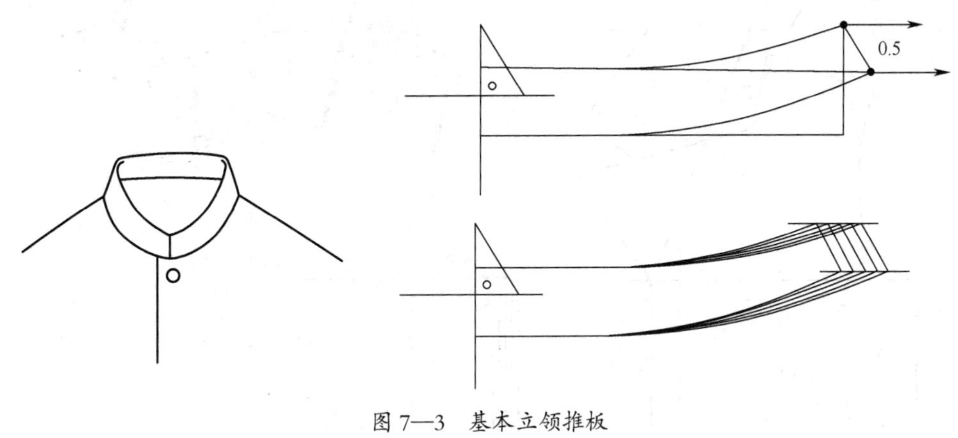

图 7—3　基本立领推板

三、翻领推板

翻领是领面向外翻摊的领型，分为有领座和无领座两种形式。改变领口宽度、领口深度和领面外形轮廓，可以变化出不同造型的翻领。领面宽度一般情况下不推板，领面较宽时领面宽度按照与肩宽的比例适当调整放量，放量为 0.1 ~ 0.2 cm。一般翻领的推板如图 7—4 所示，宽领面翻领的推板如图 7—5 所示。

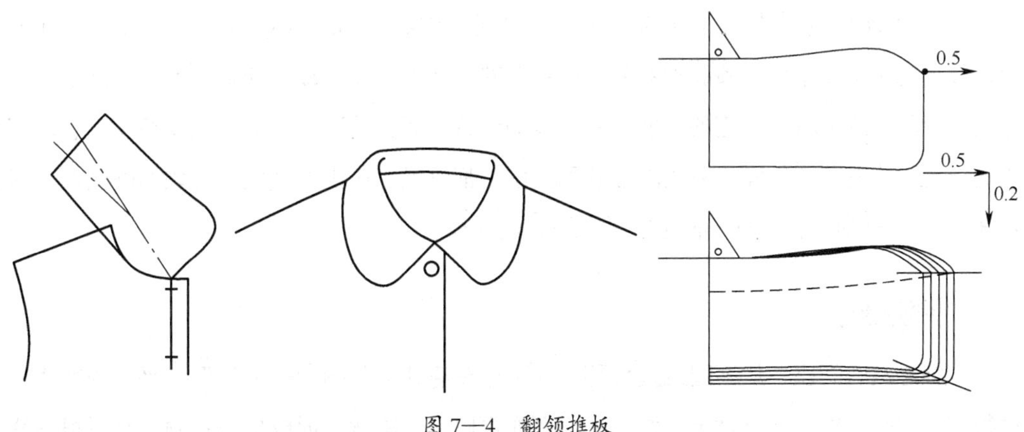

图 7—4　翻领推板

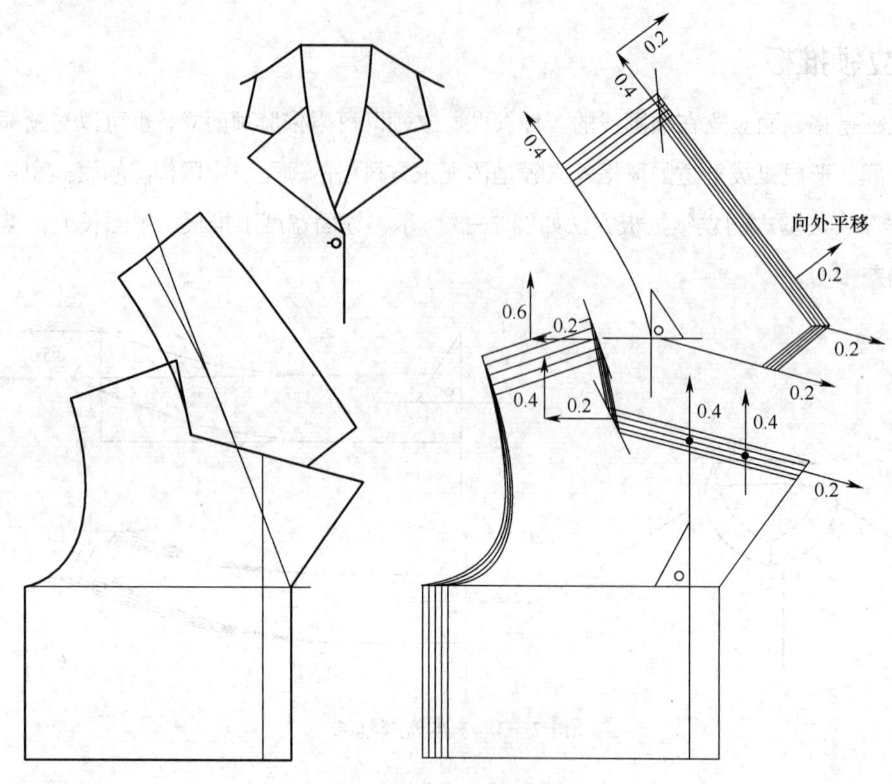

图 7—5 宽领面翻领推板

四、翻驳领推板

翻驳领是一种衣领和驳头相连，并按翻折线向外翻折的领型。翻驳领的结构较复杂，工艺造型的难度较大。西服中的平驳领、戗驳领是最具有代表性的翻驳领。翻驳领推板时，首先推板领口，然后依据领口所取得的档差推板领面。

图 7—6 所示为基本翻驳领的推板，先将领口按照无领款式推板，驳头按照定寸处理，领嘴比例保持不变，领面参考领口确定各部位档差，注意领面的款式推板基准和推板方向。翻驳领的造型与领座的高低、串可线的位置、驳头的形状有关。改变领深点、串可线的位置，或者改变领面、驳头的形状和宽度，都可以变化出多种款式造型的翻驳领。图 7—6、图 7—7 所示为两种不同造型的翻驳领的推板。

五、平领推板

平领是没有领座，从领围线直接翻下并平摊在肩部及前胸的一种领型。平领的款式变化很丰富：领型线的曲直宽窄可以改变，例如可以加宽领宽，形成披肩；领角可以根据款式设计成圆形、尖形、方形；领边可以加入各种装饰，例如镶嵌花边、加裥、加蕾丝等。

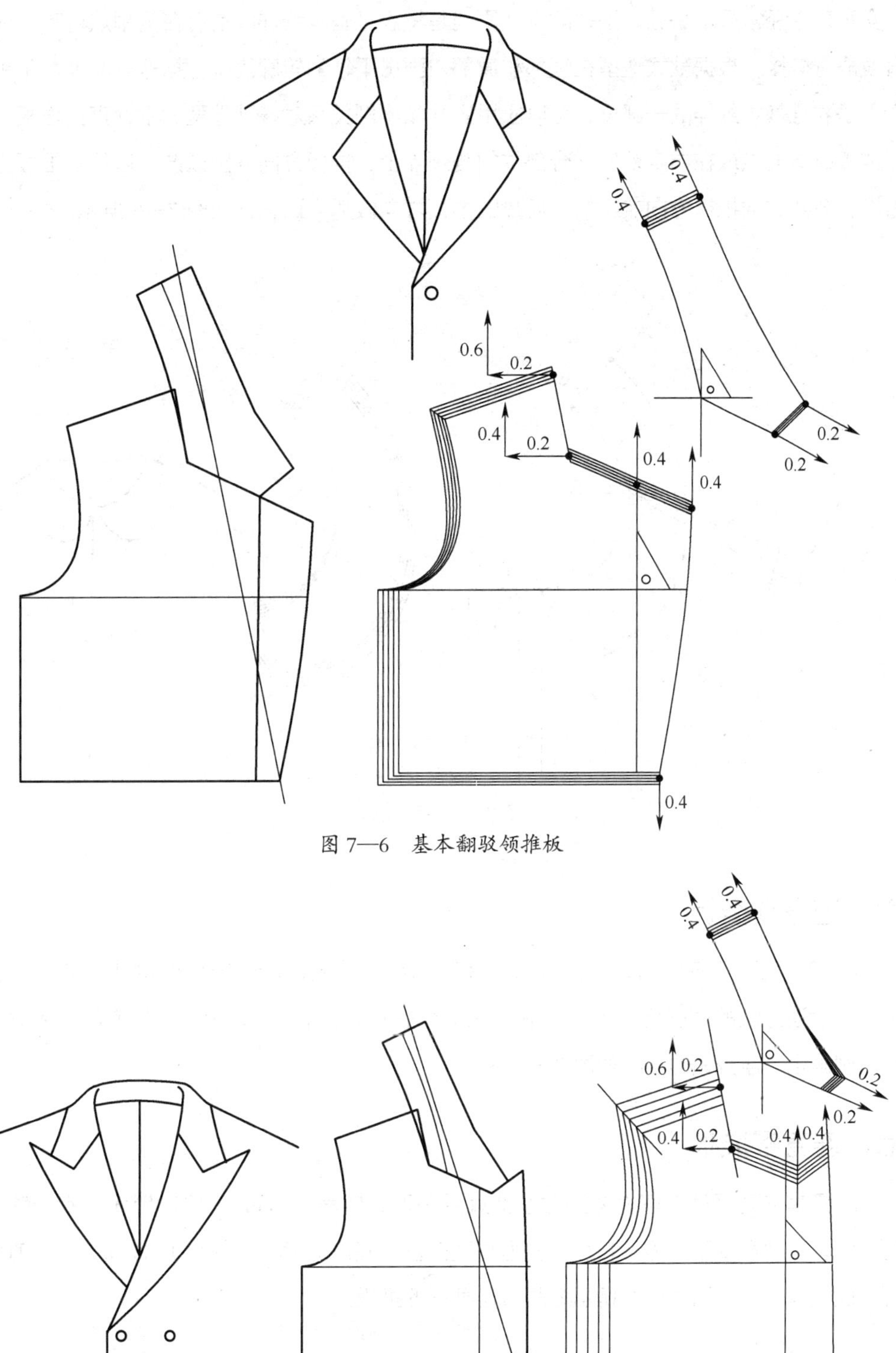

图 7—6　基本翻驳领推板

图 7—7　戗驳头翻驳领推板

在女童装中经常采用平领。平领的设计原理是将衣身基本纸样的前后在侧颈点对齐，前后肩线略有搭接，根据款式造型在领部和肩部勾画出平领的轮廓线。根据这一原理，平领实际上是衣身基本纸样的一部分，可以应用定寸和比例关系对各种造型的平领直接推板。平领推板时基准点取在衣身前后结合部位的侧颈点上，推板方向分别以前、后片的推板方向为准，公共点的推板方向兼顾前、后片的推板方向做适当调整，如图 7—8 所示。

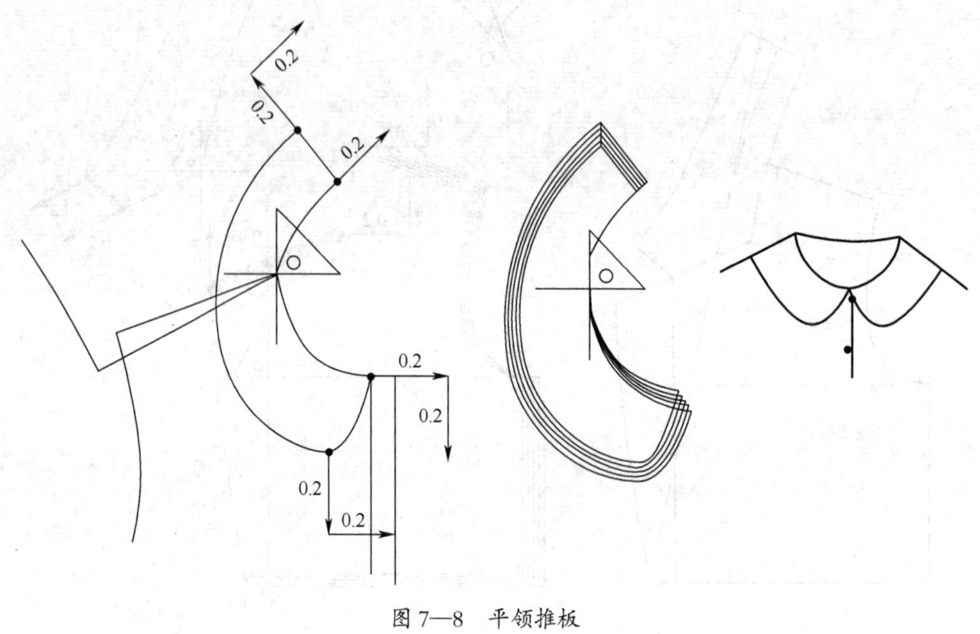

图 7—8　平领推板

六、连身领推板

连身领又叫原身吹领，设计方法是在基本纸样的领口部位向外取定寸，形成领子结构。一般连身领的高度尺寸较小，领子高度档差按照定寸处理，领部的省道位置和省量按照比例确定。连身领的推板如图 7—9 所示。

七、连身帽推板

连身帽的高度档差取人体第七颈椎点至头顶的档差（1 cm），底口档差与衣身领口档差一致；中片宽度不反缩，长度档差为高度档差与底口宽度档差的和（1.5 cm）；省道推板与一般规律相同。图 7—10 所示为基本连身帽的推板。

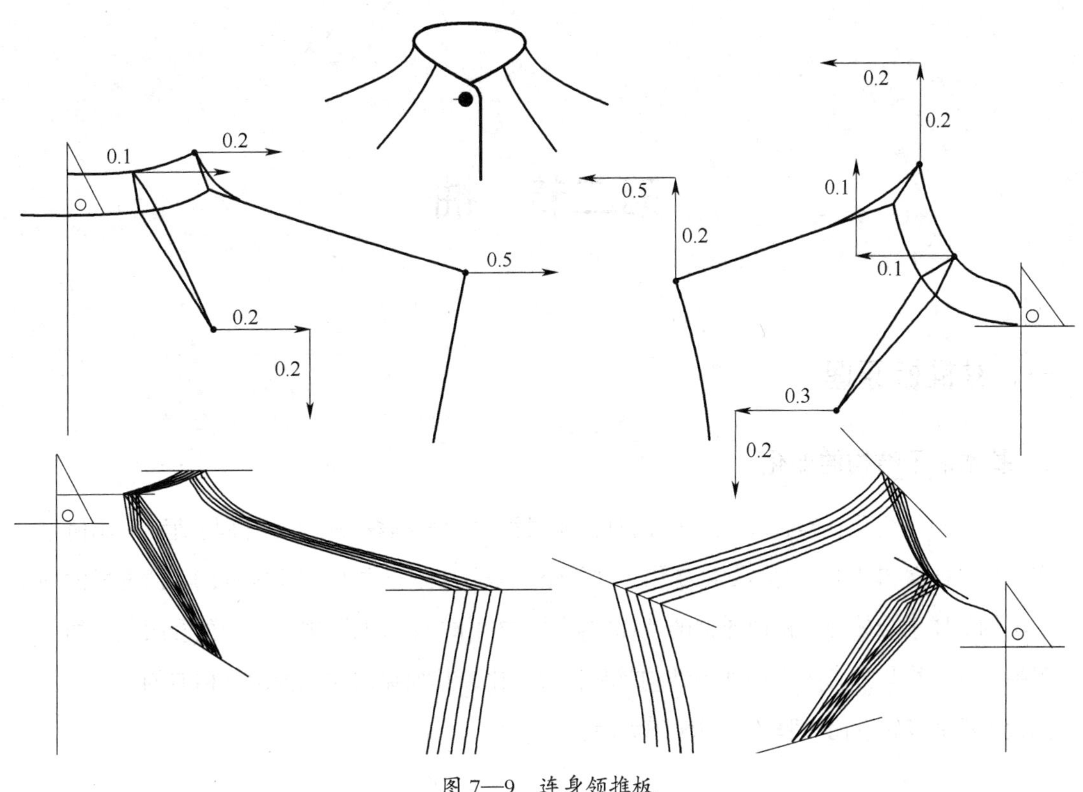

图 7—9　连身领推板

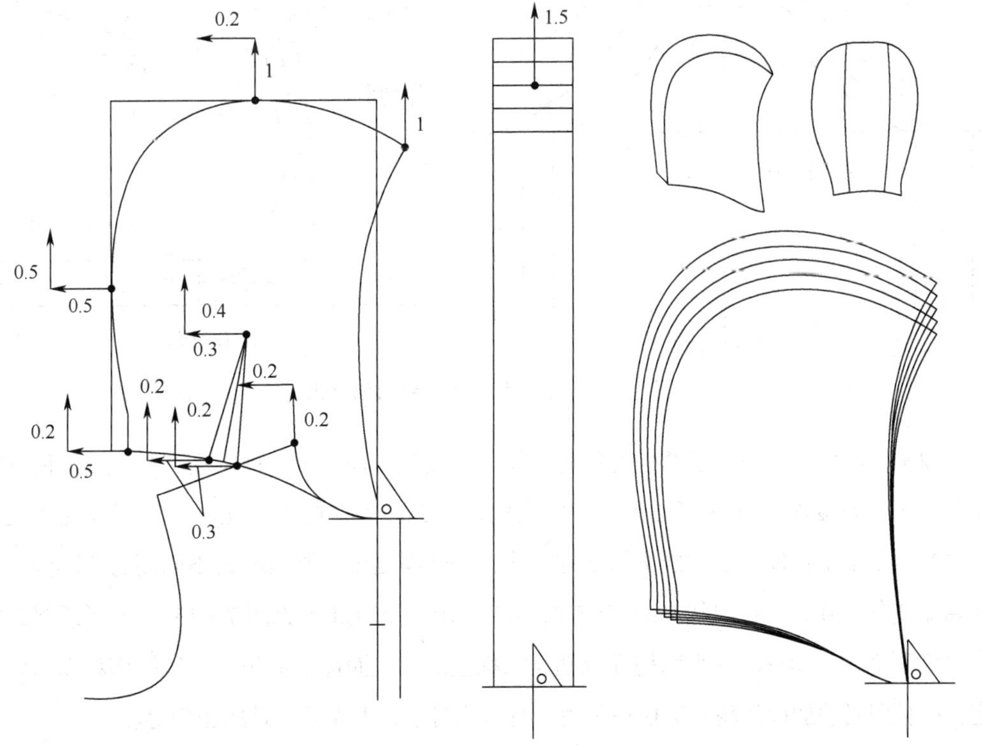

图 7—10　连身帽推板

第二节　袖

一、袖推板原理

1. 基本袖子结构的变化

（1）相似变化：当袖子结构变化时，如果袖窿宽与袖窿深、袖山高与袖肥的比值不变，只是袖窿和袖山的大小发生变化，这种变化称为相似变化（见图 7—11），所形成的袖子结构仍属于合体袖。相似变化的规律主要体现在由较贴身的服装变化为外套服装，如西服袖子的结构与外套大衣的袖子结构就是相似变化，其袖窿曲线和袖山是相似的，只是外套大衣的曲线轮廓比西服的曲线轮廓大而已。

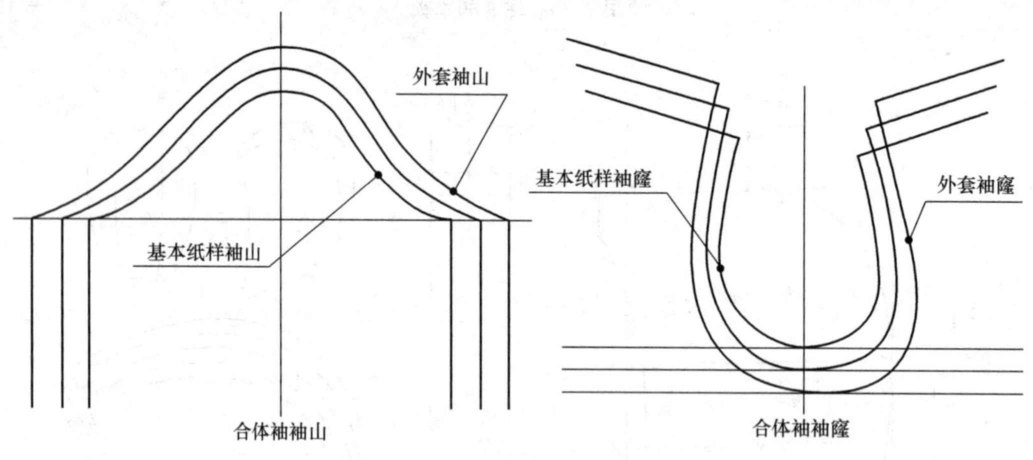

图 7—11　基本袖子结构的相似变化

（2）变形变化：当袖子结构变化时，如果袖窿宽与袖窿深、袖山高与袖肥的比值发生变化，袖窿宽变窄，袖窿深加大，袖山变低，袖肥加大，这种变化称为变形变化（见图 7—12）。袖子由合体袖变化成宽松袖的结构，变形程度依据服装款式不同而有所不同，当袖窿宽变化为 0 时为极限状态的宽松袖，此时袖山高也为 0（见图 7—13）。变形后服装的合体度下降，肩和袖的细小结构部位随宽松程度的加大而逐渐消失，一些结构难以精确确定，推板时必须加以忽略。宽松袖常用于宽松式衬衫、夹克衫、针织服装等。

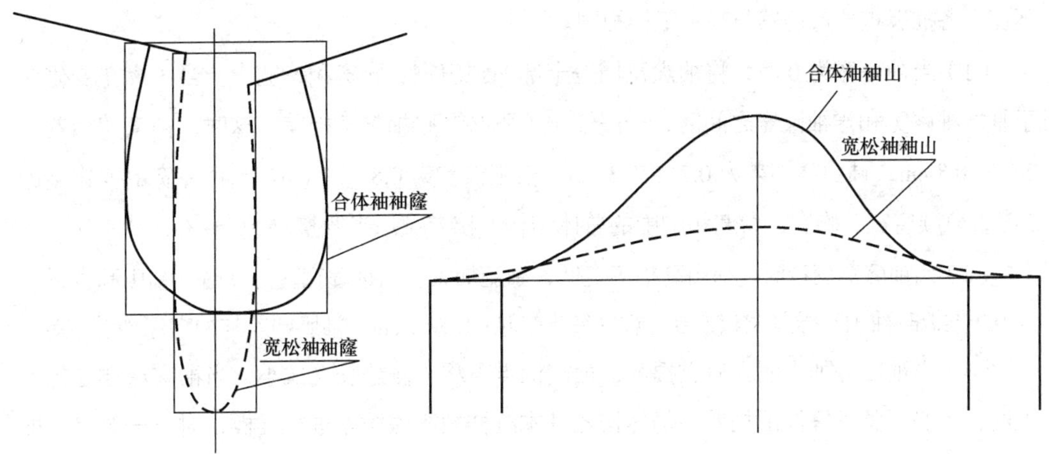

图 7—12　基本袖子的变形变化

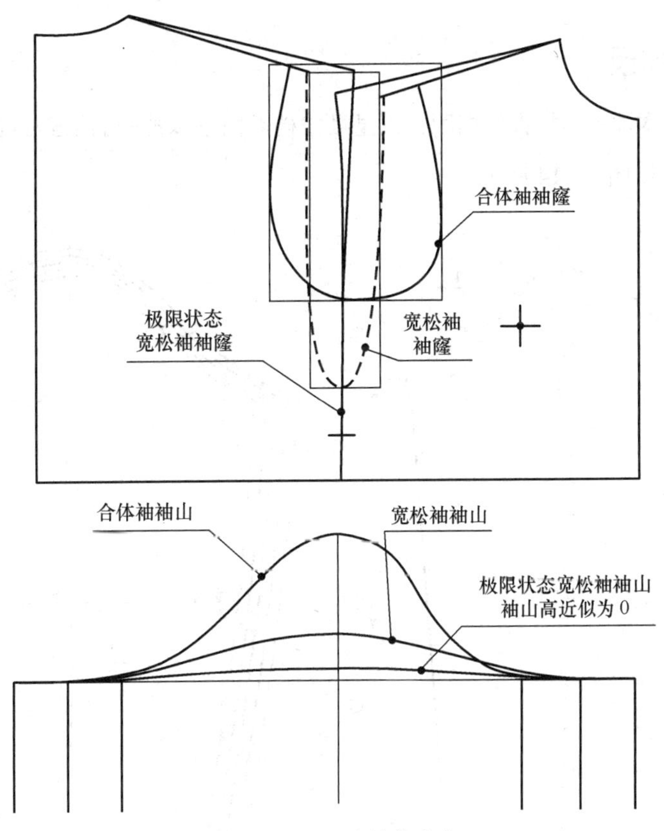

图 7—13　袖子结构变化

2. 基本袖子结构变化后的档差分配

当袖子结构发生相似变化时，尽管袖窿和袖山曲线变大，但是袖子各结构部位的档差不变，各推板点放量仍然与基本纸样相同。

（1）当袖窿宽为 0 时，将袖窿宽档差全部加到肩宽、胸宽和背宽上。当袖窿宽变化介于基本袖窿宽和零袖窿宽之间时，一般情况下不必调整袖窿宽档差。这时，袖窿宽档差为 0.6 ~ 0.8 cm，袖山高档差为 0.2 ~ 0.3 cm，袖肥档差为 0.8 ~ 1 cm。当袖窿宽的变化接近 0 时，兼顾肩宽、胸宽、背宽和胸围的总体结构，档差做适当调整。

（2）当袖窿宽变窄时，袖山高相应变低，袖肥加大。当袖窿宽变为 0 时，袖山高也近似为 0，推板时袖山高档差调整为 0，袖窿深档差取 0.8 ~ 1 cm，袖肥档差与袖窿深档差相等。

（3）当袖窿深加大时，肩点提高，袖窿深点下移，侧缝长度减小。当袖窿深点变化不大时，不必调整袖窿深的档差，仍然按照基本纸样袖窿深档差进行推板，对于一般宽松袖袖窿宽档差不必调整。当袖窿深点变化较大时，按照比例调整袖窿深档差。通常当袖窿宽变为 0 时，袖窿深变化最大。

二、一片袖推板

一片袖与基本袖子结构大体相同，只是袖口档差由基本袖子的 1.6 cm 改为一般成衣的袖口档差 1 cm，如图 7—14 所示。

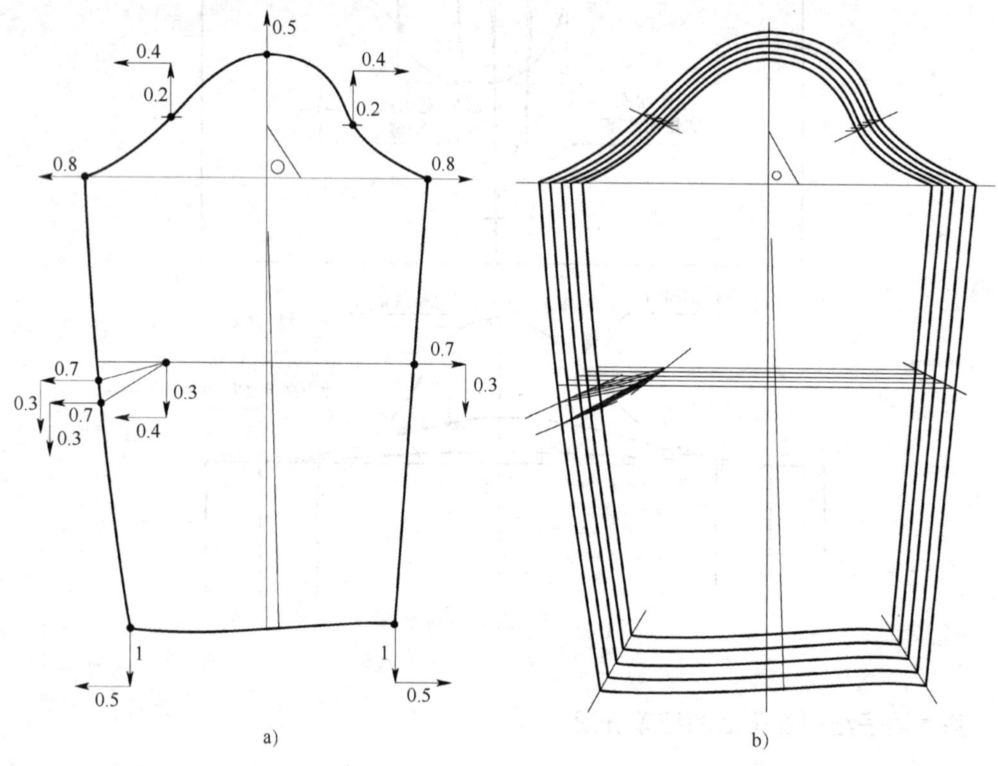

图 7—14 一片袖推板

三、插肩袖推板

插肩袖是将衣身和袖子相结合，将衣身的肩部分割给袖子形成插肩的结构。为了便于确定放量，推板时，基准点选在衣身基本纸样与袖子基本纸样的结合部位的符合点上，它既是衣身基本纸样上的一点，又是袖子基本纸样上的一点。插肩部分按照衣身的结构确定放量，袖子部分按照袖子的结构确定放量。肩点为公共点，可以按照衣身上的点处理，也可以按照袖子上的点处理。注意各推板点放量的方向是不同的，衣身上的推板点以衣身的放量方向为准，袖子上的推板点以袖子的放量方向为准。

实际纸样绘图时，肩点已经转化为圆弧，没有确定的点存在。推板时可以按照以下方法进行：将肩先向上平移相应的档差，袖中线沿袖子围度放量方向向外平移相应的档差，然后做母样板的相似曲线并圆顺。

图 7—15 所示为基本插肩袖的纸样结构和放量标注（袖口宽档差为 1 cm），推板时基准点取在符合点上，分别进行衣身和袖子的推板；肩点放量取袖山点放量，衣身上的推板点取衣身肩点放量。推板网状图是采用平移肩线和袖中线的方法绘制的，图 7—15 所示为推板后的网状图。

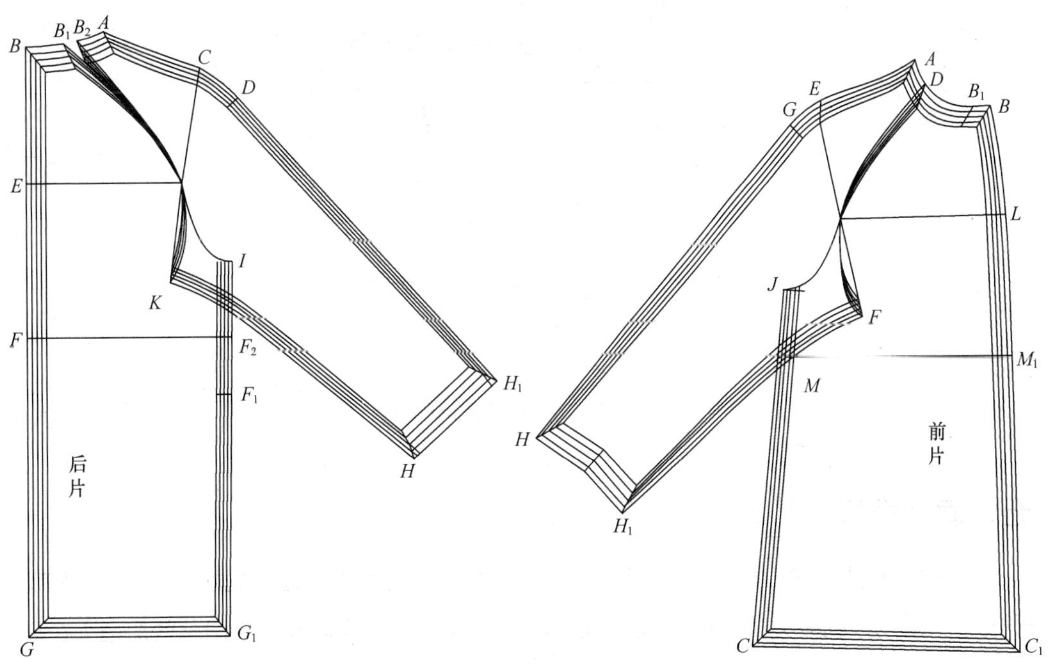

图 7—15　基本插肩袖推板后的网状图

四、压肩袖推板

压肩袖是将袖上的一部分转移到衣身上形成压肩的结构，如图 7—16 所示。压肩部分推板时基准点取在衣身基本纸样和袖子基本纸样结合部位的肩点上。衣身部分按照衣身结构确定放量，袖子部分按照袖子结构确定放量，放量的方向也要分别按照各自的基本结构线的方向加以确定。绘制压肩部分的轮廓线时，应注意放量的精确程度与轮廓线圆顺的协调，既要以放量为依据，又不要被放量的精确数值过分约束。压肩袖的推板如图 7—16 所示。

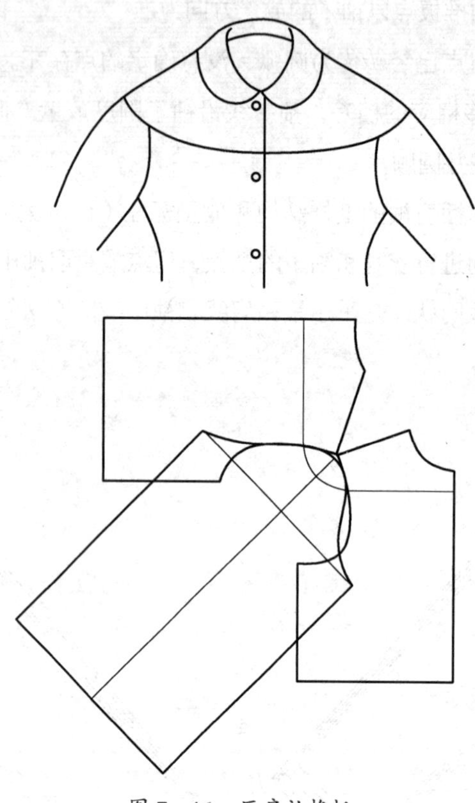

图 7—16　压肩袖推板

五、肩袖推板

肩袖结构可以理解为将袖山转移到衣身的袖窿上，使肩线外延形成袖子。其外延宽度一般与胸围相近或略大于胸围，推板时外延后基本肩点档差与胸围相同。如肩袖外延较大，应适当加大档差，但要注意与侧缝线的平衡过渡。肩袖的推板如图 7—17 所示。

六、连身袖推板

连身袖又称中式袖或者服袖，由衣身和袖片连成一体裁制而成，它是平面状态的一种

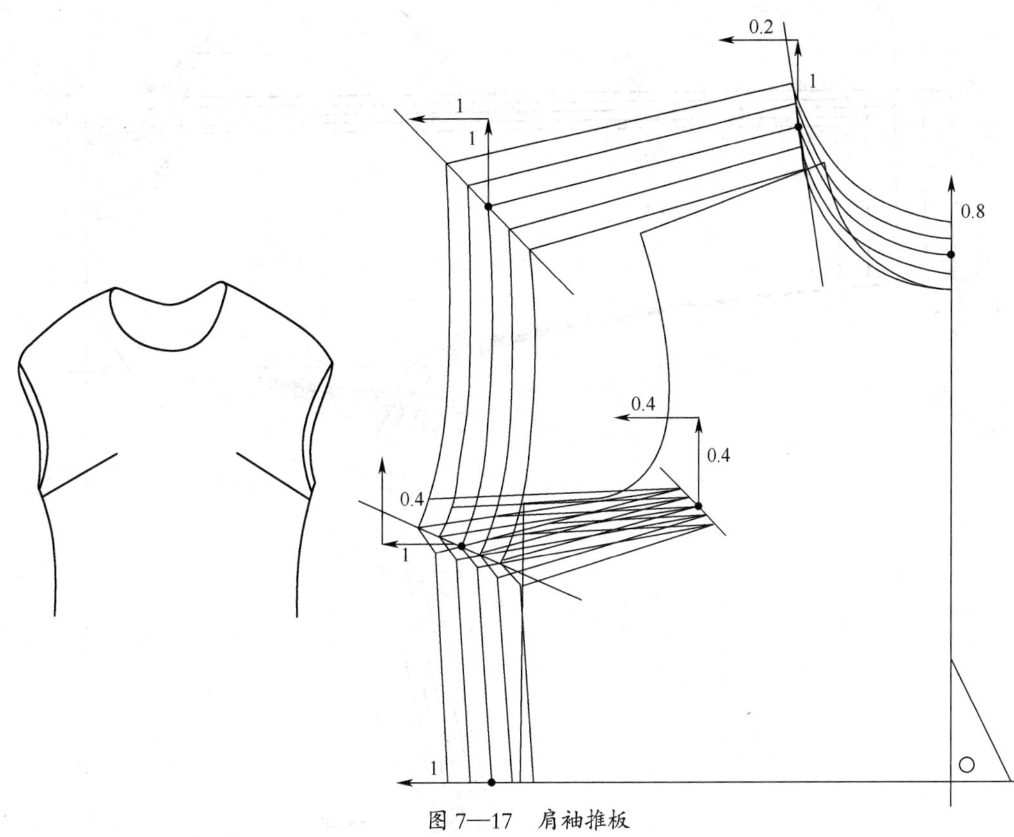

图 7—17　肩袖推板

袖型，其代表服装为我国的中式棉袄和日本的和服。它是起源较早的一种袖型，也是体现东方风格的一种独特的袖型。连身袖的肩部平整圆顺，有浑然一体的流畅感，但腋下往往肥大不合体，易出现衣裥堆砌的情况。连身袖的结构可以理解为将袖子基本纸样和衣身基本纸样结合在一起，即袖窿宽消失，袖山消失，袖子和衣身连成一体。连身袖推板时简化、消失部位无需推板；袖口宽和衣长取成衣档差，袖口宽档差取 0.5 cm，衣长档差取 2 cm。连身袖的推板如图 7—18 所示。

七、连肩袖推板

连肩袖是肩和袖子连接在一起的袖子结构。与连身袖不同的是，连肩袖肩部和袖中线设了分割线，肩部呈斜度，肩和袖部位比连身袖合体，衣身裥皱较少。连肩袖推板时与连身袖近似，通常可以加入袖裆结构，以增加活动的自由度。连肩袖的推板方法如图 7—19 所示。

八、泡泡袖推板

泡泡袖是将基本的袖山进行切展，以增加袖山部位的余量，形成“泡泡”的效果。泡泡袖展开量不大时，袖山点放量与基本袖子档差相同；展开量较大时，可按照比例关系适当调整袖山档差。泡泡袖的推板如图 7—20 所示。

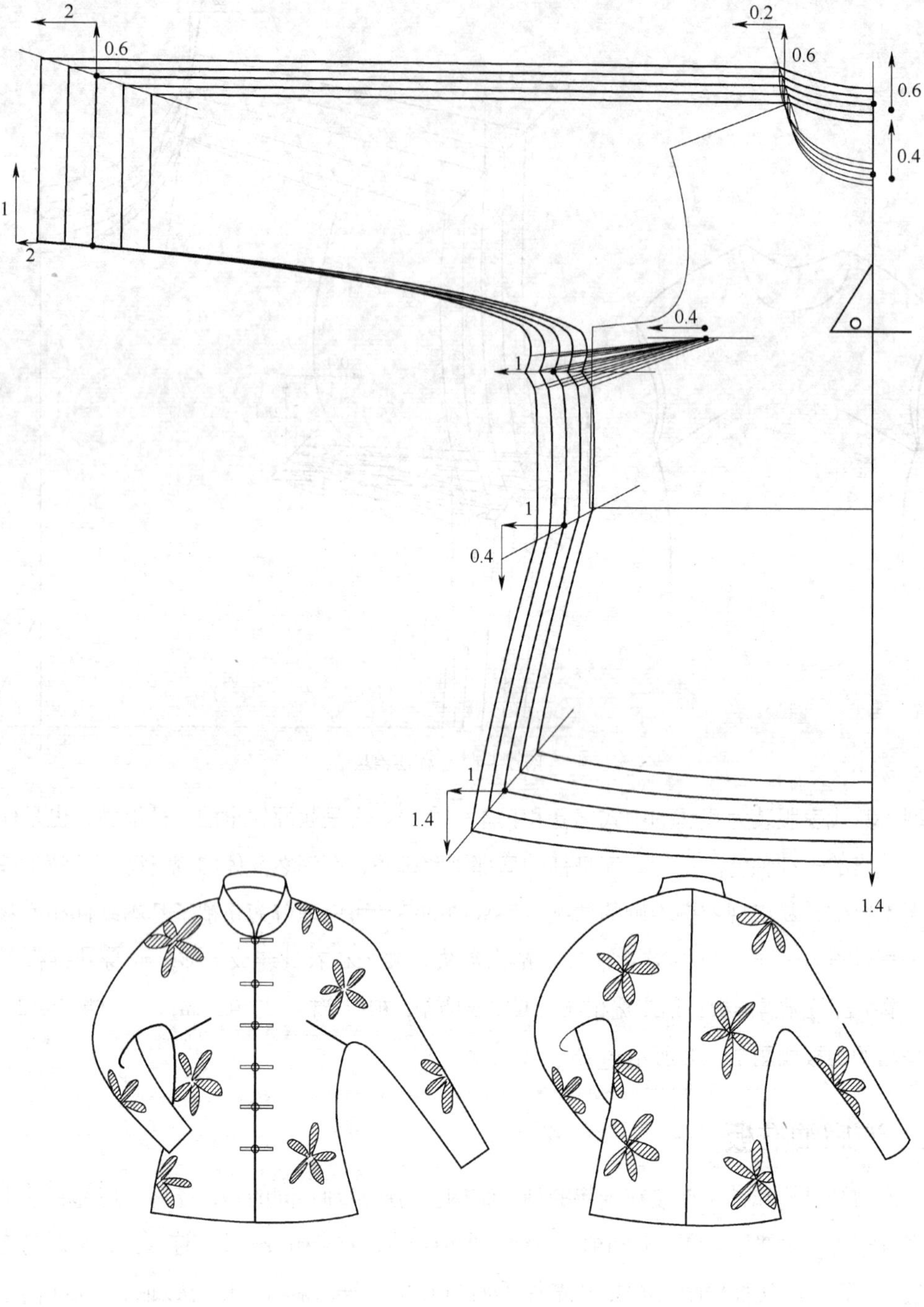

图 7—18　连身袖推板

0.4
0.4
0.2
0.6
1.4
0.4
A
0.4
1.4
0.3
0.1
0.3
后袖
B
前袖
A
0.4
0.6
0.4
0.4
0.6
0.6
B
后衣身
A
前衣身
0.3
A

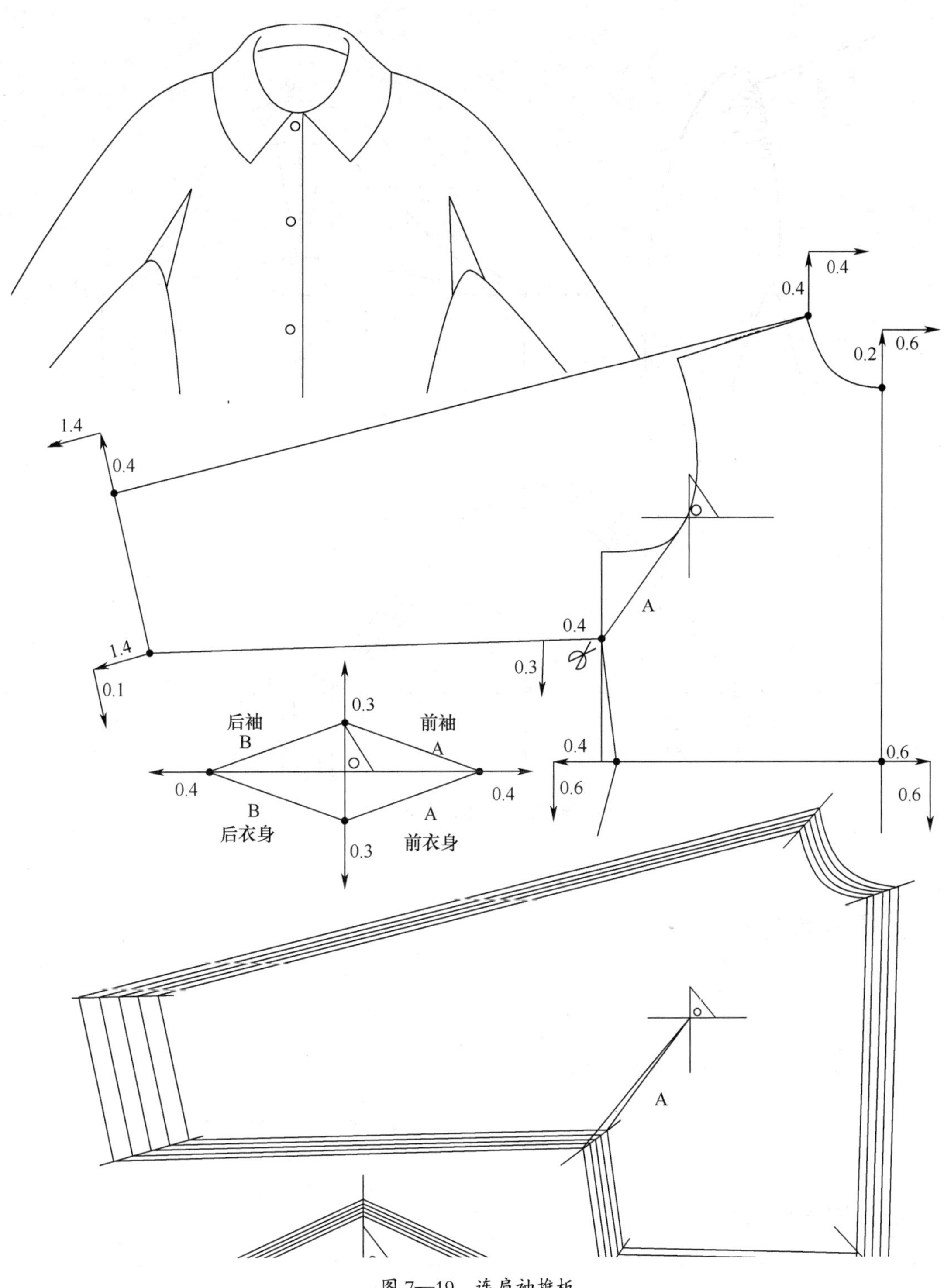

图 7—19　连肩袖推板

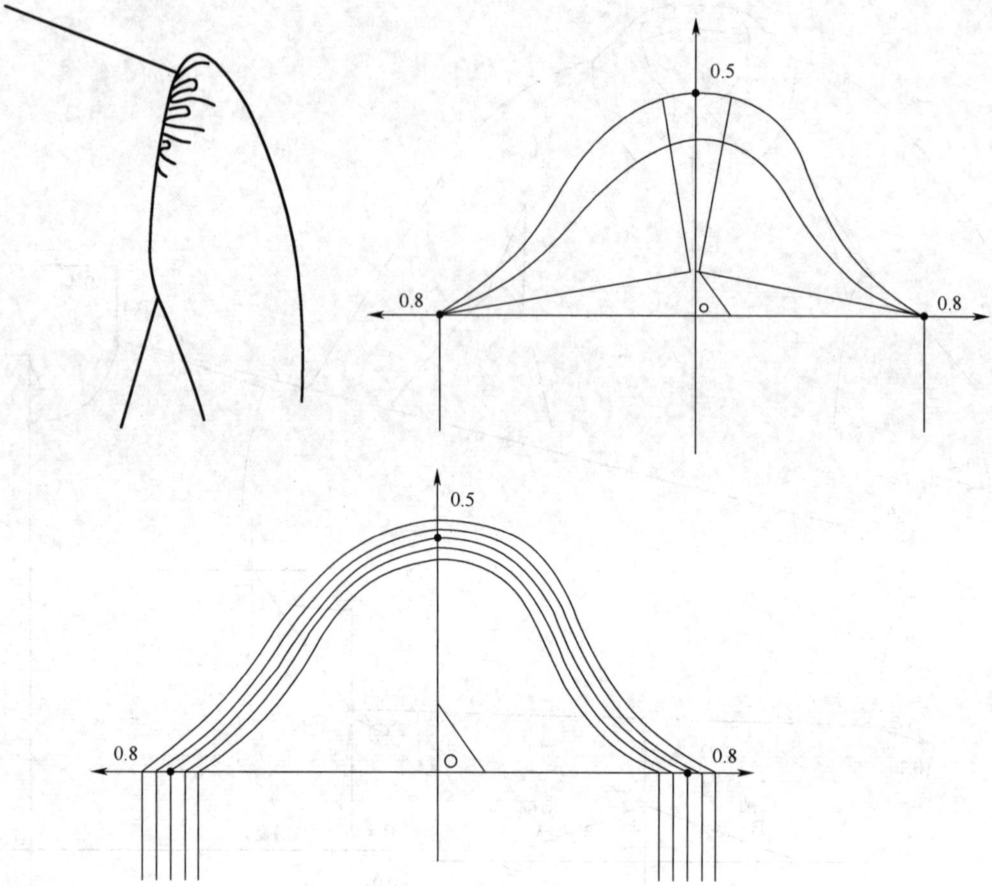

图 7—20 泡泡袖推板

重点提示

1. 连线时注意线条圆顺。
2. 样板缩放之后要检查各号型之间的档差。

思考与练习

1. 画出本章所介绍领型的推板图（1 : 1 大图或 1 : 5 小图）。
2. 画出本章所介绍袖型的推板图（1 : 1 大图或 1 : 5 小图）。